FRITJOF CAPRA
E LA VISIONE SISTEMICA
DELLA VITA

FRITJOF CAPRA E LA VISIONE SISTEMICA DELLA VITA

BREVE BIOGRAFIA, RECENSIONI DI LIBRI E COMMENTI

by Peter Fritz Walter

Published by Sirius-C Media Galaxy LLC
Business Filings Incorporated
108 West 13th St., Wilmington, DE 19801

2020 Italian Edition. Translated by Peter Fritz Walter.

Set in Trajan Pro and ITC Berkeley Old Style

Designed by Peter Fritz Walter

Publishing Categories
Science / System Theory

Publisher Contact Information
publisher@sirius-c-publishing.com
https://sirius-c-publishing.com

Author Contact Information
pfw@peterfritzwalter.com

About Dr. Peter Fritz Walter
https://peterfritzwalter.com

INDICE

INTRODUZIONE

Sulla serie 'Great Minds'

Attualmente stiamo transitando come razza umana in un momento di grande sfida e avventura, che ci apre nuove strade per riscoprire e integrare la perenne saggezza olistica delle antiche civiltà nel nostro paradigma scientifico moderno. Queste civiltà prosperavano prima che il patriarcato mettesse a soqquadro la natura.

Con l'avvento della società globale e della teoria dei sistemi come paradigma scientifico, siamo guardando a un mondo nuovo, con un aumento delle strutture 'orizzontali' e 'sostenibili' sia nella nostra cultura aziendale, sia nella scienza, e non da ultimo nelle importanti aree della psicologia, della medicina e della spiritualità.

—Un paradigma, dal greco 'paradeigma,' è un modello di cose, una configurazione di idee, un insieme di credenze dominanti, un certo modo di guardare il mondo, un insieme di presupposti, un quadro di riferimento o lente, e perfino una visione intero del mondo.

Mentre la maggior parte di questo nuovo e tuttavia vecchio percorso deve ancora essere trotto, non possiamo più trascurare i cambiamenti che avvengono praticamente ogni giorno intorno a noi.

Invariabilmente, come studenti, scienziati, medici, consulenti, avvocati, dirigenti aziendali o funzionari governativi, ci troviamo oggi di fronte a problemi così complessi, impigliati e nuovi che non possono essere risolti sulla base del nostro vecchio paradigma e del nostro vecchio modo di pensare. Come ha detto Albert Einstein, non possiamo risolvere un problema allo stesso livello di pensiero che lo ha creato in primo luogo—da qui la necessità di cambiare la nostra visione delle cose, del mondo e dei nostri problemi personali e collettivi.

Ciò che ancora circa mezzo decennio fa sembrava improbabile sta accadendo intorno a noi: stiamo riscoprendo sempre più frammenti di una saggezza integrativa e olistica che rappresenta il tesoro culturale e scientifico di molte antiche tribù e regni basati su una tradizione perenne che sosteneva che tutto il nostro universo è interconnesso e interrelazionato, e che l'uomo è posto nel mondo per vivere in sintonia con l'infinito sapere inerente alla creazione come un grande compito per guidare l'evoluzione in avanti!

Accade nella scienza, dall'avvento della teoria della relatività, della fisica quantistica e teoria delle stringhe, nelle neuroscienze e nella teoria dei sistemi, nella biologia molecolare e nell'ecologia, e di conseguenza, e poiché la scienza è uno dei principali motori della società, accade ora con crescente velocità nel mondo industriale e degli imprenditori, e nel modo in cui la gente guadagna la vita e manifesta il proprio talento innato attraverso il suo impegno professionale.

Sempre più persone cominciano a rendersi conto che non possiamo onestamente continuare a distruggere il nostro globo, ignorando la legge naturale dell'autoregolamentazione, sia esteriormente, contaminando aria e acqua, sia all'interno, tollerando che le nostre emozioni siano in uno stato di repressione e tumulto.

L'autoregolamentazione è integrata nella funzione vitale, e può essere trovata come modello coerente nello stile di vita delle popolazioni indigene di tutto il mondo. È simile alle nostre immense facoltà intuitive e immaginative, che sono state minimizzate in secoli di oscurità e frammentazione, e che ora emergono di nuovo come pietre miliari in una visione del mondo che pone l'intero essere umano in prima linea, un uomo che usa tutto il suo cervello, e che sa bilanciare le sue emozioni e passioni naturali per arrivare ad uno stato di pace interiore e relazioni sinergiche con gli altri, che portano benefici reciproci invece di una soddisfazione egoistica unilaterale.

Affinché i cambiamenti duraturi accadano, tuttavia, per parafrasare J. Krishnamurti, dobbiamo cambiare il pensatore, dobbiamo subire una trasformazione che mette il nostro sé superiore come custode della nostra vita, non il nostro ego condizionato.

Da qui la necessità di guardare davvero oltre la recinzione, e superare i condizionamenti sociali, culturali e razziali, per adottare una visione del mondo integrativa e olistica, che si concentra più che sulla risoluzione dei problemi.

Quello che questo libro cerca di trasmettere è che prendendo l'esempio di uno dei più grandi pensatori olistici del nostro tempo, possiamo vedere che non è troppo tardi, sia per il nostro pianeta o per noi esseri umani, le nostre carriere, la nostra scienza, il nostro progresso spirituale collettivo, e la nostra comprensione scientifica della natura, e che possiamo prosperare in un mondo che è sicuramente più diverso in dieci anni da oggi di quanto lo fosse cento anni nel passato rispetto ad oggi.

Siamo liberi di continuare a sentirci essere vittime di questa nuova realtà e di attendere che lo Stato ci aiuta, o possiamo accettare lo Stato, e la società, come creazioni umane che non saranno mai perfette, e avventurarci a creare le nostre vite e carriere secondo la nostra vera missione e sulla base dei nostri veri doni e talenti.

CAPITOLO UNO
Breve Biografia

Fritjof Capra è noto e famoso come uno dei più importanti autori di nuove scienze e teoria dei sistemi.

Ho trovato il *Tao of Physics* di Capra nel 1985, in un momento in cui la mia vita era in un completo riorientamento. In questa situazione, i libri di

Capra *The Tao of Physics* e *The Turning Point* riflette-vano il punto di svolta della mia vita.

L'impatto del *Tao della Fisica* nel mio percorso personale è stato paragonabile solo alla mia scoperta dell'*Yi Jing* e del Daoismo.

Oltre alla genialità intellettuale di Capra e all'uso squisito del linguaggio, è la semplicità della sua dizione, e il suo modo di mettere in relazione le conquiste altrui e i tratti notevoli con precisione e tatto che fanno di Capra non solo uno scienziato, ma anche uno studioso enciclopedico. Il fatto che i suoi libri sono diventati per molti anni i più ven-duti in tutto il mondo, e sono stati tradotti in tutte le principali lingue del mondo dimostra la sua immensa popolarità e può anche essere un segnale che il suo messaggio è accettato dagli strati intelli-genti della società moderna.

Il Tao della Fisica afferma che sia la fisica che la metafisica conducono inesorabilmente alla stessa conoscenza, o sono due visioni dell'universo che si completano a vicenda. Il libro è stato un apriporta per molte persone, mentre all'inizio era considera-to come una prospettiva un po' troppo audace messa al mondo da uno scienziato. Vale la pena di dare un'occhiata più da vicino ad alcuni dettagli biografici che aiuteranno a capire meglio la posizione di Fritjof Capra nella vita e la sua missione.

Fritjof Capra è nato il 1° febbraio 1939. La sua nascita nel segno del sole *Acquario* può essere considerato o meno un segno di buon auspicio per la sua successiva carriera e la sua missione per l'ecologia, che riflette una delle principali preoccupazioni dell'*Era dell'Acquario* in cui ci stiamo dirigendo.

Figlio del poeta austriaco Ingeborg Capra-Teuffenbach, Capra si è laureato nel 1966 all'Università di Vienna con un dottorato in fisica teorica. Ha studiato con Werner Heisenberg e ha studiato e insegnato fisica delle particelle e teoria dei sistemi all'Università di Parigi (1966-1968), all'Università della California, Santa Cruz (1968-1970), allo Stanford Linear Accelerator Center (1970), all'Imperial College di Londra (1971-1974) e al Lawrence Berkeley Laboratory (1975-1988).

Durante la sua permanenza a Berkeley, è stato membro del Fundamental Fysiks Group, fondato nel maggio 1975 da Elizabeth Rauscher e George Weissmann, che si incontravano settimanalmente per discutere di filosofia e fisica quantistica. Ha insegnato anche all'U.C. Santa Cruz, U.C. Berkeley e alla San Francisco State University.

Capra parla correntemente il tedesco, l'inglese, il francese e l'italiano, è buddista e cattolica. Dopo aver fatto un tour in Germania all'inizio degli anni '80, Capra ha scritto *Green Politics* con Charlene Spretnak nel 1984.

Ha contribuito alla sceneggiatura del film *Mindwalk (1990)*, interpretato da Liv Ullman, Sam Waterston e John Heard. Il film è liberamente ispirato al suo libro, *The Turning Point (1987)*. Il libro è stato anche l'ispirazione per un'ampia campagna pubblicitaria chiamata 'The Turning Point Project.'

Nell'autunno del 2000, sotto la guida di Jerry Mander e Andrew Kimbrell, questo progetto ha prodotto pubblicità a tutta pagina in *USA Today* e nel *New York Times,* criticando la nanotecnologia.

Nel 1991, Capra è stato co-autore di *Belonging to the Universe* con David Steindl-Rast, un monaco benedettino che è stato definito un Thomas Merton contemporaneo. Steindl-Rast ha battezzato la figlia di Capra in una cerimonia congiunta cristiano-buddista. Utilizzando come trampolino di lancio la 'Struttura delle rivoluzioni scientifiche' di Thomas Kuhn, il loro libro esplora i paralleli tra il nuovo pensiero paradigmatico nella scienza e la religione che insieme offrono quelle che gli autori considerano visioni dell'universo notevolmente compatibili.

La missione di Capra si è rivelata sempre più spesso una critica culturale del pensiero lineare convenzionale e delle visioni meccanicistiche cartesiani. Esponendo la visione riduzionista secondo cui tutto può essere studiato in parti per comprendere il tutto, egli permette ai suoi lettori di fare un passo indietro e di guardare il mondo attraverso gli occhi della ricerca sui sistemi e della teoria della complessità.

Capra sta gettando le basi per il cambiamento in molte nuove teorie, come ad esempio nella visione sistemica della vita che deve essere considerata come il quadro teorico dell'ecologia profonda. Questa teoria è solo ora pienamente emergente, ma affonda le sue radici in diversi campi scientifici che sono stati sviluppati durante la prima metà del ventesimo secolo: la biologia organica, la psicologia della gestalt, l'ecologia, la teoria generale dei sistemi e la cibernetica.

La visione ecologica di Capra propone alla società moderna di abbandonare il pensiero lineare convenzionale e la visione meccanicistica dell'universo per sviluppare un paradigma di scienza olistica.

È direttore fondatore del *Center for Ecoliteracy* di Berkeley, California, che promuove l'ecologia e il pensiero dei sistemi nell'istruzione primaria e secondaria.

Secondo Capra, i nostri problemi economici e sociali come la disoccupazione, la criminalità, l'inquinamento o il riscaldamento globale sono il risultato di una *crisi di percezione* nella società moderna. Un mondo globalizzato in rete non può più essere compreso nel quadro di una scienza riduzionista e meccanicistica come quella praticata da Cartesio e Newton, ma deve essere trasformato in una visione olistica e organica della realtà. Una volta adottata questa visione, sarà ovvio quante connessioni nascoste ci siano tra fenomeni che la vecchia visione del mondo considera separati, e quanto nella vita, e nei sistemi viventi, coevolva attraverso un'interdipendenza spesso invisibile.

Come ha spiegato Capra in una lezione al Mill Valley School District, 18 aprile 1997, dal titolo *Creatività e Leadership* nelle comunità di apprendimento, pubblicata dal *Center for Ecoliteracy*, ecoliteracy significa essere 'ecologicamente alfabetizzati,' che significa comprendere le comunità ecologiche, chiamate anche *ecosistemi*, e quindi utilizzare questi principi per creare comunità sostenibili.

—*Ecologia* è un termine che deriva dalla parola greca *oikos* (famiglia); quindi trasmette lo studio delle relazioni tra tutti i membri della famiglia chiamata 'Terra.'

Il pensiero ecologico si occupa quindi delle relazioni, della connessione e del contesto; nella scienza si chiama *pensiero sistemico*.

Nella stessa lezione egli riferisce che una delle prime intuizioni del pensiero dei sistemi è stata la realizzazione che ogni sistema vivente è una rete.

All'inizio gli ecologisti hanno formulato i concetti di catene alimentari e di cicli alimentari, che sono stati poi ampliati al concetto di rete alimentare.

Il *Web of Life,* un libro che Capra ha pubblicato nel 1997, è una vecchia idea, che è stata usata da poeti, filosofi e mistici nel corso dei secoli per trasmettere il loro senso dell'intreccio e dell'interdipendenza di tutti i fenomeni. In questo senso, la teoria dei sistemi è in realtà un collegamento con la più antica delle tradizioni scientifiche, che di per sé dimostra che anche la scienza è ciclica come tutto il resto della vita.

Nei suoi programmi di leadership, Fritjof Capra sottolinea il fatto che i leader potrebbero imparare a capire se stessi usando la visione dei sistemi per essere in grado di portare all'emergenza. Questo tipo di leadership deve essere una leadership di squadra, non una singola leadership, come in tutti i sistemi auto-organizzati la leadership è distribuita, e la responsabilità diventa 'una capacità dell'insieme.'

La leadership consiste quindi, secondo Capra, nel facilitare l'emergere di nuove strutture e nell'incorporare il meglio di esse nella progettazione dell'organizzazione.

—Vedi anche Peter Fritz Walter, Walter's Leadership Guide: Why Good Leadership Starts With Self-Leadership (2015) e The Leadership I Ching, 2nd Edition (2015).

Ci sono altri fatti importanti su Capra che sono forse meno noti, e che in parte spiegano perché ha questa lucidità fenomenale, mentre lavora come scienziato, eppure nei suoi libri supera di gran lunga i limiti di questa professione e la visione del mondo molto più limitata della maggior parte dei suoi colleghi professionisti, tranne quelli al suo livello di genio.

Capra ha scritto nel suo libro più autobiografico, *Uncommon Wisdom (1989)*, che è stato cresciuto in un ambiente piuttosto matriarcale, un ambiente praticamente privo di maschi. È stato cresciuto da tre donne, ed erano tutte single, per motivi diversi: sua madre, sua nonna e la sua bisnonna. E vivevano insieme a molti animali nella grande fattoria.

 Tutto questo è importante, credo, per comprendere la sua visione del mondo fondamentalmente non giudicante e la sua capacità di comprendere persone da ultra-ortodosse a molto liberali con la stessa generosità e magnanimità.

Capra è davvero eccezionale sotto questo aspetto. Lo si può vedere in *Uncommon Wisdom* (1989) che è un ricordo di conversazioni con persone notevoli, e allo stesso tempo un caleidoscopio di aneddoti che formano la vita di un essere umano veramente vivace e comunicativo.

L'altro esempio degno di nota della vita di Capra è il suo lungo coinvolgimento nella controcultura e il suo incontro con la maggior parte delle celebrità di quella cultura, come ad esempio Timothy Leary, Terence McKenna, Gregory Bateson, o Ronald David Laing e Thomas Szasz, i fondatori del movimento antipsichiatrico.

Le straordinarie capacità umane di Capra, la sua capacità di comunicare attraverso le discipline scientifiche insieme a una mentalità e a un atteggiamento integrativo ne fanno un'importante figura alternativa nell'ambiente scientifico tradizionale.

CAPITOLO DUE

I Contributi di Fritjof Capra Alla Scienza Olistica

INTRODUZIONE

Senza che la scienza olistica sia stata sviluppata a tal punto da essere accettata da una vasta gamma di studiosi—anche se non è certamente ancora un paradigma *mainstream*—non potremmo supporre a questo punto che la scienza dell'energia, una scienza del *campo energetico protoplasmatico,* possa emergere. Questo lavoro preparatorio doveva essere portato a termine ed è stato Fritjof Capra ad essere uno dei pionieri di questo processo iniziato negli anni '60 e '70, mentre in un contesto più ampio, possiamo dire che è iniziato nel 1905, quando Einstein scrisse la sua prima bozza della teoria della relatività speciale.

In questo capitolo voglio sottolineare che, oltre alla genialità intellettuale di Capra e all'uso squisito del linguaggio, sono la su *semplicità* nell'esprimersi, e il suo modo senza pretese di mettere in relazione le conquiste altrui e i tratti notevoli con una certa modestia e apparentemente senza gelosia—che spesso si trova nell'establishment scientifico—che fanno di Capra uno studioso veramente universale ed enciclopedico.

Vedo molti punti di connessione tra la ricerca sui sistemi di Capra e la mia più che ventennale ricerca sulle emozioni umane e l'identità sessuale, il campo dell'energia umana e la fisica quantistica.

È stato Capra ad aprire i miei occhi, negli anni '80, sull'importanza di una visione sistemica della vita e sulla necessità per tutti noi di contribuire a formulare un nuovo paradigma di scienza olistica per il futuro. Era come una chiamata per me, e se Wilhelm Reich era una delle gambe su cui mi trovavo nella mia carriera di scrittore di scienze, Capra era l'altra.

Apprezzo e valuto sempre positivamente la comprensione razionale e intelligente che Capra aveva della carriera scientifica e delle scoperte di Reich. Oltre ai ricercatori specializzati che sono spesso troppo zelanti nel difendere e cercare di ri-abilitare il diffamato medico austriaco, non ho trovato finora commenti apprezzabili sulle conquiste scientifiche che ha fatto Reich nelle pubblicazioni degli scienziati *mainstream*.

Anche in questo caso, Capra segna l'eccezione alla regola, e ho molto applaudito il suo coraggio, perché a volte è stato accolto con aggressività, anche oggi, quando i ricercatori dimostrano in che modo la nostra tradizione scientifica declassa, tradisce e diffama costantemente i suoi più grandi avatar.

Altri da menzionare sono Paracelso, Franz Anton Mesmer e Nikola Tesla; nessuno di loro è stato finora realmente convalidato nella scienza tradizionale come giganteschi pionieri della scienza moderna, mentre nella stampa arcobaleno stanno diventando sempre più popolari, proprio come Reich.

Una delle pietre angolari delle pubblicazioni scientifiche di Capra, e per la quale ha meritato una medaglia, è di aver lavorato attraverso la complessità del paradigma scientifico *meccanicistico, dualistico e riduzionista* che ha regnato nella nostra cultura negli ultimi quattrocento anni circa, e che si è presentato come una deliberata opposizione al dogmatismo scientifico della Chiesa cristiana. Capra ha mostrato le molteplici convoluzioni e distorsioni che questo paradigma scientifico contiene, e la percezione contorta che si applica sull'intero processo della vita. Infatti, contrapponendo i risultati che questo paradigma porta con il confronto con la visione sistemica della vita, il modo quasi perverso in cui riduce ad elementi statici la compostezza organica e sistemica della vita ad un enorme meccanismo a orologeria diventa evidente anche al lettore laico interessato.

Capra ha investito molto lavoro in questa ricerca, ripercorrendo, in una dettagliata rassegna storico-scientifica, il nostro attuale paradigma scientifico *mainstream*, che riporta alle sue radici nell'antica Grecia, mostrando tutte le importanti biforcazioni che ci hanno portato dove siamo oggi.

Capra mostra e spiega anche lucidamente che è stata la fisica quantistica a innescare, in modo piuttosto brutale, il rovesciamento della visione del mondo newtoniana e l'emergere di una situazione di caos temporaneo nella scienza tradizionale che ha portato, nei primi due decenni del XX secolo, alla formulazione precoce della teoria quantistica. Questo nuovo paradigma scientifico può essere solido oggi, ma dobbiamo vedere quanti anni e decenni di sviluppo è stato necessario costruire, e da quanti scienziati che hanno contribuito a realizzarlo.

La differenza fondamentale qui è anche quella del lavoro di squadra contro il genio singolo. Capra ha dimostrato che la teoria della relatività speciale è stata quasi totalmente opera di un uomo, Albert Einstein, che l'ha formulata nel 1905, e che quella è stata all'incirca l'ultima volta in cui un singolo scienziato ha potuto aprire nuove terre, mentre prima nella storia scientifica umana questa era la regola.

Aristotele formulò una metodologia scientifica completa che in seguito fu ripresa dalla Chiesa, e quindi fu valida per diverse centinaia di anni senza essere messa in discussione—e questo nonostante il fatto che fosse fondamentalmente imperfetta.

Questi tempi, come ha dimostrato Capra, sono definitivamente finiti, e oggi il progresso scientifico è una questione di lavoro di squadra e di ripetute prove ed errori, e la graduale corroborazione delle teorie attraverso innumerevoli esperimenti che si svolgono in diversi paesi e culture, dando così alla varietà dell'intelligenza umana la sua maggiore possibilità di incidere su nuovi e promettenti sviluppi scientifici.

Leggendo Capra, ho trovato la mia intuizione confermata che non solo la nostra tradizione scientifica, ma anche l'educazione deve essere riformata. È un compito gigantesco, perché dobbiamo mettere insieme niente di breve, ma un quadro strutturale per creare una nuova realtà, una realtà che sia olistica ed emotiva oltre che eroticamente intelligente.

Infatti, è stato in quel momento che ho deciso di dedicarmi a servire l'umanità in modo incondizionato per aiutare a creare questa nuova realtà e lavorare per questa missione con diligenza, sulla base di una motivazione transpersonale.

Originario dell'Austria e cresciuto con il tedesco come lingua madre, Capra ha imparato l'inglese così perfettamente che dal momento in cui si è trasferito a Berkeley, California, per il suo lavoro di fisico quantistico, ha scritto e pubblicato solo in inglese. I parallelismi sono evidenti con Albert Einstein e Wilhelm Reich, che erano ugualmente di origine germanica e che dopo la loro immigrazione negli Stati Uniti scrissero e pubblicarono solo in inglese.

E dal loro livello di genialità e originalità, questi tre uomini possono benissimo essere paragonati.

Tutti questi dettagli sono importanti in quanto forniscono le chiavi di lettura della sua capacità di superare le animosità personali e la gelosia per mettere in dialogo scientifico una varietà di professionisti e scienziati con la stessa generosità e magnanimità.

Un buon esempio dello spirito comunicativo di Capra è *Uncommon Wisdom* (1989), un ricordo di conversazioni con persone notevoli, e allo stesso tempo una serie di aneddoti raccontati da qualcuno che è vivo e comunicativo.

Un altro esempio degno di nota della vita di Capra è la sua lunga storia d'amore con la controcultura e i suoi notevoli rapporti con la maggior parte delle celebrità di quella cultura, come ad esempio R.D. Laing, Timothy Leary, Terence McKenna, Gregory Bateson e altri.

Fritjof Capra

Uncommon Wisdom

Conversations with Remarkable People

New York, Bantam, 1989

IL PIONIERE

In questo capitolo ripercorrerò l'entusiasmante viaggio scientifico di Capra dalla metà degli anni '80 ad oggi, due decenni di una costante linea d'azione fortemente incentrata sulla realizzazione di un *paradigma di scienza olistica e sistemica* per le esigenze dell'industria di oggi e per il futuro dell'evoluzione umana.

Inoltre, Capra è diventato un pioniere nel campo di quella che è venuto a chiamare *alfabetizzazione ecologica,* ed è da considerarsi uno dei maggiori esperti di ecologia al mondo.

Inoltre, Fritjof Capra è un rinomato consulente per il governo e l'industria, che gode di una notevole reputazione negli Stati Uniti, in Germania, in

Brasile o in Russia e in tutto il mondo; come tale è influente in senso buono e per una buona causa.

Ralph Abraham scrive in una recensione online di uno degli ultimi libri di Capra, *The Science of Leonardo (2007)*:

> Durante la visione di una mostra dei suoi disegni a metà degli anni '90, Capra ha deciso di fare uno studio dettagliato dei suoi scritti. Come scienziato, avendo acquisito la lingua italiana nell'infanzia, ha potuto studiare i *Quaderni* di Leonardo recentemente trascritti e datati, con particolare attenzione al loro contenuto scientifico. La *Scienza di Leonardo* è il risultato di questo processo. Nella sua Introduzione, Capra ci offre un ritratto di Leonardo come pensatore di sistemi, il primo scienziato moderno, pioniere del metodo sperimentale, un secolo prima di Galileo e Bacon. Nella prima parte, Leonardo l'uomo, Capra ripercorre la vita di Leonardo a Firenze negli anni '60 del Quattrocento, a Milano dagli anni '80 del Quattrocento e a Roma dal 1513 fino alla sua morte. Capra delinea le idee chiave della scienza dai Quaderni: la scienza delle forme viventi, i movimenti dell'acqua, le forme della terra vivente, il macrocosmo e il microcosmo, le macchine della natura e il mistero della vita umana. Inoltre presenta i contributi molto originali e poco

conosciuti di Leonardo alla matematica: la geometria delle proporzioni, la geometria della natura, la geometria delle funzioni e delle curve, la teoria dei movimenti continui delle curve, anticipando Leibniz. Negli ultimi due capitoli della seconda parte, *Leonardo lo Scienziato*, Capra descrive la teoria della conoscenza di Leonardo e il suo genio come pensatore di sistemi. Nell'Epilogo, Capra riassume in sei pagine la sua visione di Leonardo, e la contrappone alle varie biografie scientifiche specializzate pubblicate in precedenza. Questo libro è una lettura emozionante per gli appassionati di storia della scienza, e un must per i pensatori di sistemi contemporanei.

—http://www.ralph-abraham.org/reviews/capra-rvw.pdf

 Un discorso nel *Tao della Fisica* è stato quello di Capra che ha dato un indizio importante per le origini del nostro dualismo intellettuale, un argomento che Joseph Campbell ha ampiamente trattato nella *Mitologia Occidentale (1991)*. Il percorso scientifico di Capra è diretto contro quel dualismo, e rappresenta un tentativo di superare quella scissione schizoide mostrando che, su un piano più profondo, una

sintesi tra il pensiero occidentale *deduttivo* e la filosofia orientale *induttiva* è l'unica via intelligente per uscire dal dilemma causato dai rigorosi paradossi della meccanica quantistica.

Ciò che nei miei scritti sono arrivato a chiamare la *scissione schizoide* nell'assetto interno della cultura occidentale, Capra la chiama la divisione tra spirito e materia:

> Man mano che l'idea di una divisione tra spirito e materia prendeva piede, i filosofi rivolgevano la loro attenzione al mondo spirituale, più che alla materia, all'umano/anima e ai problemi dell'etica. Queste questioni avrebbero occupato il pensiero occidentale per più di duemila anni dopo il culmine della scienza e della cultura greca nel V e IV secolo a.C.
>
> —Fritjof Capra, The Tao of Physics (1975/1984), 6-7 (Traduzione mia).

Capra non ha lasciato dubbi che sia stato *Aristotele* a forgiare quel dualismo nel nostro credo culturale per i prossimi duemila anni:

> La conoscenza scientifica dell'antichità è stata sistematizzata e organizzata da Aristotele che ha creato lo schema che sarà alla base della visione occi-

dentale dell'universo per duemila anni. Ma Aristotele stesso credeva che le questioni riguardanti l'anima umana e la contemplazione della perfezione di Dio fossero molto più preziose delle indagini sul mondo materiale. La ragione per cui il modello aristotelico dell'universo è rimasto a lungo incontestato è stata proprio questa mancanza di interesse per il mondo materiale, e la forte presa della chiesa cristiana che ha sostenuto le dottrine di Aristotele per tutto il Medioevo. (Id., 8)

E il passo successivo, poi, nella costruzione di quella paranoia culturale è stata la volta degli eventi a partire dalla filosofia scientifica riduzionista dei filosofi francesi *La Mettrie* e *René Descartes*:

La nascita della scienza moderna è stata preceduta e accompagnata da uno sviluppo del pensiero filosofico che ha portato a una formulazione estrema del dualismo spirito/materia. Questa formulazione apparve nel XVII secolo nella filosofia di René Descartes, che basava la sua visione della natura su una fondamentale divisione in due regni separati e indipendenti: quello della mente (*res cogitans*) e quello della materia (*res extensa*). La divisione cartesiana permetteva agli scienziati di trattare la materia come morta e completamente separata da se stessa, e di vedere il mondo materiale come una moltitudine di oggetti diversi assemblati in un'enorme macchina. (Id.)

Capra ha mostrato l'anello mancante tra la nostra visione del mondo separativa e individualistica e le sue origini storiche; spiega perché siamo lacerati all'interno, frammentati e non completi (empi):

> Questa frammentazione interiore rispecchia la nostra visione del mondo esterno, che è visto come una moltitudine di oggetti ed eventi separati. L'ambiente naturale è trattato come se fosse costituito da parti separate da sfruttare da gruppi di interesse diversi. La visione frammentata si estende ulteriormente alla società, che è divisa in diverse nazioni, razze, religioni e gruppi politici. (Id.)

Il pericolo della frammentazione, spiega Capra, è che cerchiamo di trovare punti di riferimento assoluti dietro ciascuno dei nostri concetti frammentati, e lo facciamo probabilmente inconsciamente nel tentativo di sanare la nostra scissione interiore. Eppure, in ultima analisi, così facendo, provochiamo una percezione distorta, prendendo il proverbiale dito che punta alla luna, per la luna.

Inoltre, di fronte al comportamento paradossale degli elettroni nel mondo quantistico, Capra ha posto la domanda intelligente: perché gli occidentali sono confusi, e persino scioccati quando incontrano un paradosso o semplicemente un comportamento completamente illogico, mentre nelle filosofie e nelle religioni orientali i paradossi sono una caratteristica ricorrente? L'antica filosofia indiana, ad esempio, è molto a suo agio con i paradossi, così come lo sono le tradizioni filosofiche cinese e giapponese.

La tradizione Zen, derivata dalla sua originaria filosofia di radice cinese (dove era chiamata buddismo Chan), ama molto mettere l'accento sul paradosso per un semplice motivo: il paradosso ci insegna i limiti del pensiero razionale e ci mostra così la relatività di una visione del mondo puramente razionale. Vedendo i nostri evidenti limiti, possiamo andare oltre e sviluppare una visione del mondo più olistica e integrativa, una visione del mondo che dia lo spazio necessario per l'irrazionale, il fantastico, l'immaginario e lo scurrile nella natura, e anche nella nostra natura umana.

Senza quest'ultima, l'umorismo, ad esempio, come espressione della vera umanità, non è possibile.

Capra dice molto chiaramente che non possiamo stare con i vecchi demoni newtoniani:

> La visione meccanicistica della natura ... è strettamente legata ad un rigoroso determinismo. La gigantesca macchina cosmica era vista come completamente causale e determinata. Tutto ciò che accadeva aveva una causa definita e dava luogo ad un effetto definito, e il futuro di qualsiasi parte del sistema poteva—in linea di principio—essere previsto con assoluta certezza se il suo stato in qualsiasi momento era conosciuto in tutti i dettagli. (...) La base filosofica di questo rigoroso determinismo era la fondamentale divisione tra l'io e il mondo introdotta da Cartesio. Come conseguenza di questa divisione, si credeva che il mondo potesse essere descritto in modo oggettivo, cioè senza mai menzionare l'osservatore umano, e tale descrizione oggettiva della natura divenne l'ideale di tutta la scienza. (Id., 45)

Il risultato è che abbiamo scartato la natura dalla scienza e così facendo abbiamo creato una scienza fondamentalmente ostile alla natura, una scienza che sta per distruggerci, distruggendo il nostro pianeta. Questa scienza rifletteva il pregiudizio culturale sessista. La norma culturale della supremazia maschile ha portato a un corso di violenza che lentamente ma definitivamente ci soffoca. Scrive Capra:

La società occidentale ha tradizionalmente favorito il lato maschile piuttosto che quello femminile. Invece di riconoscere che la personalità di ogni uomo e di ogni donna è il risultato di un'interazione tra elementi maschili e femminili, ha stabilito un ordine statico in cui tutti gli uomini sono supposti essere maschili e tutte le donne femminili, e ha dato agli uomini i ruoli principali e la maggior parte dei privilegi della società. Questo atteggiamento ha portato a un'enfasi eccessiva su tutti gli aspetti yang- o maschili della natura umana: attività, pensiero razionale, competizione, aggressività e così via. I modi di coscienza yin o femminili, che possono essere descritti con parole come intuitivo, religioso, mistico, occulto o psichico, sono stati costantemente soppressi nella nostra società maschile. (Id., 133)

Questa percezione distorta della realtà, che sta mettendo a repentaglio l'armonia tra il principio maschile e quello femminile, è visibile in tutta la filosofia occidentale, nel suo abissale dualismo, che manca della fondamentale capacità di trovare la sintesi che il pensiero orientale è così adatto a stabilire.

Capra concorda con la visione orientale che dice che tutti gli opposti sono complementari e 'solo aspetti diversi dello stesso fenomeno.' Capra osserva saggiamente che in Oriente, 'una persona virtuosa non è quindi quella che si assume l'impossibile compito di lottare per il bene e di eliminare il male, ma piuttosto quella che è in grado di mantenere un equilibrio dinamico tra il bene e il male.'

Quando si guarda il *Tao della Fisica* da questa prospettiva, dal quadro generale dietro i molti dettagli confusi della fisica quantistica, si vede che il messaggio più profondo di Capra in questo libro rivoluzionario va ben oltre una ridefinizione della

fisica moderna. Capra ha preparato il terreno in
questo suo primo libro per i giganti a venire, e ha
dato vita al primo gigante, *The Turning Point*
(1982/1987), circa un decennio dopo la pubblicazione di *The Tao of Physics (1975)*.

Anche se *Il Tao* rimane il libro più popolare di
Capra, non è forse il suo libro migliore. Ha sviluppato *ulteriormente* un nuovo concetto olistico per
tutte le scienze, ma non si è mai arrogato di
etichettarlo alla moda come 'Una teoria del tutto.'
Capra definisce il suo nuovo concetto 'ecologico' e,
pur non avendo inventato quel termine, ha sicuramente dato ad esso un contenuto molto più ampio di quanto non avesse mai fatto prima.

The Turning Point è uno dei libri più importanti
di Capra, ed è stato davvero un punto di svolta an-

che nella vita di Capra. In questo libro ha estrapolato i concetti olistici sviluppati nel *Tao* a tutta la cultura internazionale.

Solo un pensatore che sia logicamente preciso, che conosca la storia della scienza e che abbia una percezione metarazionale e integrata dell'universo potrebbe fare un'opera così gigantesca. Per pura coincidenza, questo libro stava segnando anche una svolta nella mia vita, e l'ho trovato, come una benedizione, in un periodo di virulente contraddizioni e turbolenze emotive nella mia vita, nel 1985.

La citazione che segue mostra la direzione generale che Capra ha preso dopo la pubblicazione di questo libro, e che sarà particolarmente presente nei suoi due libri successivi, *The Web of Life* (1997) e *Hidden Connections* (2002).

È stata chiamata la *visione dei sistemi;* si tratta semplicemente di un solido paradigma di scienza olistica che può essere applicato praticamente a tutta la ricerca scientifica, e che promette di portare a risultati scientifici, sociali e successivamente politici conformi alla dignità umana, favorendo l'espansione della coscienza umana e l'evoluzione, nel rispetto della sostenibilità e delle altre realtà ecologiche.

Le soluzioni saranno diverse da quelle che abbiamo avuto in passato perché saranno integrate e sostenibili, e questo sia nel campo della scienza che in quello della cultura:

> Questi problemi (...) sono problemi sistemici, il che significa che sono strettamente interconnessi e interdipendenti. Non possono essere compresi all'interno della frammentata metodologia caratteristica delle nostre discipline accademiche e delle agenzie governative. Un tale approccio non risolverà mai nessuna delle nostre difficoltà, ma si limiterà a spostarle nella complessa rete di relazioni sociali ed ecologiche. Una risoluzione può essere trovata solo se la struttura della rete viene cambiata, e questo

comporterà profonde trasformazioni delle nostre istituzioni sociali, dei nostri valori e delle nostre idee.

—Fritjof Capra, The Turning Point (1982/1987), 6 (Traduzione mia)

Capra sottolinea che la visione dei sistemi non è 'solo teoria,' ma ha un significato diretto per la nostra vita quotidiana e per i nostri problemi quotidiani. A differenza di molti altri scienziati delle cosiddette discipline scientifiche 'esatte,' il suo pensiero è straordinariamente sintetico, il che gli fa capire i cambiamenti e gli sviluppi della società molto prima che accadano realmente.

Poi, seguendo il suo intuito, mette in primo piano la sua acuta mente razionale per raccogliere e sistemare le informazioni necessarie a chiarire, con l'obiettivo finale di dispiegare ciò che intuitivamente anticipa. Questo è pienamente in accordo con il famoso detto di Einstein secondo cui un problema non può mai essere risolto al livello su cui è stato creato. Infatti, è solo attraverso il pensiero creativo e l'intuizione che possiamo trovare nuove soluzioni ai nostri vecchi problemi, perché poi collochiamo il pensatore su un diverso livello di prospettiva.

Questo può essere visto nel modo ingegnoso in cui Capra pone i riflettori sulle tendenze e i movimenti filosofici di un tempo, per mostrare il potenziale che hanno per spostare la nostra visione e preparare un nuovo terreno per soluzioni alternative, efficaci e non convenzionali che saranno le soluzioni *mainstream* del futuro.

Eraclito è uno dei primi geni che ci ha mostrato la strada da seguire, ma non è stato seguito. La scienza occidentale doveva invece seguire pedissequamente Aristotele, e in Oriente lo stesso accadde quando Lao-tzu fu evitato dai pensatori cinesi, dando la preferenza al pedante, moralista e sputacapelli Confucio.

E non a caso, al momento, mentre abbiamo tutti i tipi di fantasiosi sviluppi della scienza moderna all'indomani di film *What the Bleep Do We Know!?* e *Teorie del Tutto* che virtualmente spuntano da ogni facoltà universitaria, ci troviamo piuttosto in una tendenza riparatrice e ultra-conservatrice che non accoglie proprio un paradigma scientifico sistemico ed ecologista.

Non riesco a pensare a nessun momento della storia in cui il fiorire della scienza e delle arti, l'abbondanza materiale e la prosperità, e l'abilità intellettuale delle grandi nazioni fossero in maggiore contraddizione con l'assetto delle sue strutture di potere politico regnanti. Un'area importante in cui il paradigma dominante sta attualmente cambiando è la *psicologia*. Questo è solo ora veramente evidente, dove possiamo contare i libri scritti su quella che oggi si chiama *Psicologia dell'Energia*, ma all'epoca Capra era l'autore di *The Turning Point*, questo era impensabile. L'ho visto io stesso quando, dopo aver conseguito la laurea in giurisprudenza all'Università di Ginevra, nel 1987, stavo cambiando specializzazione e ho iniziato a studiare psicologia. E il primo semestre è consistito in un sessanta per cento di statistiche, e in alcune lezioni sulla terminologia psicologica di base e sulle modalità di ricerca. Non si parlava di psicoanalisi, non si parlava di alcuna area di ricerca olistica o sistemica, e mi annoiava a morte. Ho sempre pensato che il diritto sia una materia secca da studiare, ma dopo aver sbirciato in psicologia, posso dire che il diritto è una delle materie più colorate e appassionate che abbia mai studiato!

Capra spiega perché la visione sistemica della vita avrà un profondo impatto sulla psicologia:

> Come nella biologia dei nuovi sistemi, il focus della psicologia si sta spostando dalle strutture psicologiche ai processi sottostanti. La psiche umana è vista come un sistema dinamico che coinvolge una varietà di funzioni che i teorici dei sistemi associano al fenomeno dell'auto-organizzazione. Dopo Jung e Reich, molti psicologi e psicoterapeuti sono arrivati a pensare alle dinamiche mentali in termini di flusso di energia, e credono anche che queste dinamiche riflettano un'intelligenza intrinseca—l'equivalente del concetto di mentazione dei sistemi—che permette alla psiche non solo di creare malattie mentali ma anche di guarire se stessa. Inoltre, la crescita interiore e l'autorealizzazione sono viste come essenziali per le dinamiche della psiche umana, in pieno accordo con l'enfasi sull'auto-trascendenza nella visione sistemica della vita. (Id., 407. Traduzione mia.)

Infatti, uno degli amici di Capra è Stanislav Grof, e con Grof ha discusso molti degli argomenti di psicologia/psichiatria di cui scrive. Ho avuto queste informazioni non solo dall'enorme sezione di note a piè di pagina del *Turning Point,* ma anche dal suo approfondito libro *Uncommon Wisdom,* nel quale ha pubblicato interviste a personalità di spicco di tutti i ceti sociali, e che rappresenta un esempio delle straordinarie capacità comunicative di Capra.

Dopo aver letto *Getting Well Again (1978),* posso dire che Capra non prometteva troppo con la sua sintesi del lavoro rivoluzionario di questi medici e il loro trattamento alternativo del cancro.

Tutte le informazioni all'avanguardia sul libro e sull'approccio sono presentate in modo conciso da Capra:

L'immagine popolare del cancro è stata condizionata dalla visione frammentaria del mondo della nostra cultura, dall'approccio riduzionista della nostra scienza e dalla pratica della medicina orientata alla tecnologia. Il cancro è visto come un invasore forte e potente / che colpisce il corpo dall'esterno. Non sembra esserci alcuna speranza di controllarlo, e per la maggior parte delle persone il cancro è sinonimo di morte. Il trattamento medico—che si tratti di radiazioni, chemioterapia, chirurgia o una combinazione di questi—è drastico, negativo e danneggia ulteriormente il corpo. I medici vedono sempre più spesso il cancro come un disturbo sistemico; una malattia che ha un aspetto localizzato ma che ha la capacità di diffondersi, e che coinvolge davvero tutto il corpo, essendo il tumore originale solo la punta dell'iceberg. (Id., 388-389. Traduzione mia.)

Ciò che molti medici cercano di nascondere è il fatto che la stranezza dell'attuale cura del cancro non ha nulla di specifico, e può essere ben spiegata, e criticata, guardando attraverso la sua natura meccanicistica. È un approccio meccanicistico e disumano, non diretto alla vera guarigione, ma al *business medico,* una macchina mondiale per fare soldi di cui tutti gli enormi profitti vanno nelle mani di poche multinazionali che usano una legione di medici acritici come loro coraggiosi consulenti aziendali.

Capra scrive in termini un po' più speranzoso, quando riporta l'approccio di Simonton alla guarigione del cancro. Ma il solo fatto che i Simonton abbiano successo nel loro approccio dimostra con la migliore evidenza possibile che devono avere ragione in qualche modo:

Uno degli obiettivi principali dell'approccio Simonton è quello di invertire l'immagine popolare del cancro, che non corrisponde ai risultati della ricerca attuale. La moderna biologia cellulare ha dimostrato che le cellule tumorali non sono forti e potenti ma, al contrario, deboli e confuse. Non invadono, non attaccano, non distruggono, ma semplicemente sovrapproducono. Un cancro inizia con una cellula che contiene informazioni genetiche errate perché è stata danneggiata da sostanze nocive o da altre influenze ambientali, o semplicemente perché l'organismo occasionalmente produce una cellula imperfetta. L'informazione difettosa impedirà alla cellula di funzionare normalmente, e se questa cellula ne riproduce altre con la stessa composizione genetica errata, il risultato sarà un tumore composto da una massa di queste cellule imperfette. Mentre le cellule normali comunicano efficacemente con il loro ambiente per determinare la loro dimensione ottimale e la velocità di riproduzione, la comunicazione e l'auto-organizzazione delle cellule maligne sono compromesse. Di conseguenza, esse crescono più grandi delle cellule sane e si riproducono in modo sconsiderato. Inoltre, la normale coesione tra le cellule può indebolirsi e le cellule maligne possono rompere la massa originale e viaggiare verso altre parti del corpo per formare nuovi tumori—che è noto come metastasi. In un organismo sano il sistema immunitario riconoscerà le cellule anormali e le distruggerà, o quanto meno le murerà in modo che non possano diffondersi. Ma se per qualche ragione il sistema immunitario non è abbastanza forte, la massa di cellule difettose continuerà a crescere. Il cancro, quindi, non è un attacco dall'esterno, ma una rottura all'interno. (Id., 389-390. Traduzione mia.)

Quello che posso aggiungere all'analisi di Capra è che questa 'immagine popolare del cancro' non è il risultato della saggezza popolare, o delusione popolare, ma piuttosto dell'ipnosi popolare. Il grande pubblico sa intuitivamente molto bene che ciò che la retorica ufficiale dice sul cancro non è vero, ma cosa può e fa contro l'establishment medico? Quello che fa è mantenere le persone malate perché è sulla schiena dei malati, e non su quella delle persone sane e critiche che fa il suo ritorno di investimento. In realtà, il pubblico è sottoposto al lavaggio del cervello da una propaganda medica che non ha eguali nella storia dell'umanità e che ha messo l'immagine del cancro come 'malattia killer' nella mente di tutti e di tutti.

Non è il sentimento umano e l'intuizione naturale dell'*uomo comune* che ha creato questa metafora standard del paziente senza speranza e passivo che viene 'innocentemente giustiziato' da una malattia terminale.

È un mito in tutto e per tutto, ma può diffondersi come un virus a causa dell'apatia della maggior parte dei cittadini-consumatori per vedere attraverso il velo di menzogne che vengono presentate ogni giorno dai media; questo è il prezzo che pagano per la loro eterna passività per scoprire da soli dove sta la verità.

I Simonton e altri ricercatori hanno sviluppato un modello psicosomatico del cancro che mostra come gli stati psicologici e fisici lavorano insieme all'insorgenza della malattia. Anche se molti dettagli di questo processo devono ancora essere chiariti, è diventato chiaro che lo stress emotivo ha due effetti principali. Sopprime il sistema immunitario del corpo e, allo stesso tempo, porta a squilibri ormonali che si traducono in un aumento della produzione di cellule anormali. Si creano così le condizioni ottimali per la crescita del cancro. La produzione di cellule maligne viene aumentata proprio nel momento in cui il corpo è meno capace di distruggerle. Per quanto riguarda la configurazione della personalità, gli stati emotivi dell'individuo sembrano essere l'elemento cruciale nello sviluppo del cancro. La connessione tra cancro ed emozioni è stata osservata per centinaia di anni, e oggi ci sono prove sostanziali del significato di specifici stati emotivi. Questi sono il risultato di una particolare storia di vita che sembra essere caratteristica dei pazienti affetti da cancro. I profili psicologici di tali pazienti sono stati stabiliti da un certo numero di ricercatori, alcuni dei quali sono stati anche in grado di prevedere l'incidenza del cancro con notevole accuratezza sulla base di questi profili. (Id., 391. Traduzione mia.)

IL PENSATORE DI SISTEMI

Qui parlerò del successivo Capra, il pioniere della ricerca sui sistemi, e personalmente ritengo che i suoi libri migliori siano quelli successivi, *La Rete Della Vita* e *Le Connessioni Nascoste*.

Perché, si può chiedere? Perché è stato in questi libri, e non nelle sue produzioni precedenti, che Capra ha davvero definito il suo approccio all'ecologia, rendendo così l'ecologia, o *ecologia profonda*, un concetto che fa parte di un nuovo paradigma scientifico, fortemente introdotto e promosso da uno dei più importanti teorici della scienza del nostro tempo.

Cos'è l'ecologia profonda e perché ne abbiamo bisogno? Capra scrive in *La Rete Della Vita*:

Mentre il vecchio paradigma si basa su valori antropocentrici (centrati sull'uomo), l'ecologia profonda si fonda su valori ecocentrici (centrati sulla terra). È una visione del mondo che riconosce il valore intrinseco della vita non umana.

Un'etica ecologica così profonda è urgentemente necessaria oggi, e specialmente nella scienza, poiché la maggior parte di ciò che fanno gli scienziati non è un'arte di vivere e di conservare la vita, ma di distruggere la vita.

Con i fisici che progettano sistemi d'arma che minacciano di spazzare via la vita sul pianeta, con i chimici che contaminano l'ambiente globale, con i biologi che rilasciano nuovi e sconosciuti tipi di microrganismi senza conoscerne le conseguenze, con gli psicologi e altri scienziati che torturano gli animali in nome del progresso scientifico—con tutte queste attività in corso, sembra più urgente introdurre standard 'ecoetici' nella scienza. (11)

La ricerca di questo libro è enorme, in quanto richiede che la scienza moderna sposti radicalmente il suo sguardo sulla natura e sul vivere. Il nostro riguardo per la natura è stato condizionato dal patriarcato da circa cinquemila anni, ed è un riguardo piuttosto difensivo, distorto, se non completamente schizoide, tanto più che sia il nostro paradigma religioso tradizionale che il cambiamento cartesiano della scienza nel XVII e XVIII secolo hanno contribuito a una visione profondamente *riduzionista* della natura. Capra ha guardato indietro nella storia e ha trovato sorprendenti intuizioni e verità precoci propagate dai nostri grandi pensatori, poeti e filosofi, come per esempio Immanuel Kant, Goethe o William Blake. Egli scrive:

> La comprensione della forma organica ha avuto un ruolo importante anche nella filosofia di Immanuel Kant, spesso considerato il più grande dei filosofi moderni. Idealista, Kant separava il mondo fenomenico da quello delle 'cose in sé.' Credeva che la scienza potesse offrire solo spiegazioni meccaniche, ma affermava che in settori in cui tali spiegazioni erano inadeguate, la conoscenza scientifica doveva essere integrata considerando la natura come uno scopo. (Id., 21)

Sulla stessa linea di pensiero, Capra ha indagato su cosa significano per noi oggi la terra, il globo, il pianeta, e perché la nostra scienza e le nostre tecnologie sono ostili ad esso e poco curanti della sua conservazione?

Ha trovato risposte conclusive in antiche tradizioni che hanno favorito quella che oggi chiamiamo una visione del mondo *Gaia*, un atteggiamento rispettoso verso la terra, la madre, l'energia *yin* e in generale i valori associati al lato femminile del vivere:

> L'idea che la Terra sia viva, naturalmente, ha una lunga tradizione. Le immagini mitiche della Madre Terra sono tra le più antiche della storia religiosa umana. Gaia, la Dea della Terra, era venerata come divinità suprema nella Grecia antica, pre-ellenica. Ancora prima, dal Neolitico all'età del bronzo, le società della 'vecchia Europa' adoravano numerose divinità femminili come incarnazioni della Madre Terra. (Id., 22. Traduzione mia.)

Questo è il modo in cui Capra, sempre fondato sul buon senso e su una retrospezione significativa, introduce il lettore inesperto al concetto di ricerca sui sistemi o alla visione sistemica della vita.

Storicamente possiamo osservare una certa evoluzione del pensiero post-matriarcale, naturalmente sistemica, dalla visione del mondo atomistica (Democrito), alla visione del mondo cartesiana (Newton, La Mettrie, René Descartes) e relativistica (Einstein, Planck, Heisenberg), alla visione del mondo sistemica (Bohm, Bateson, Grof, Capra, Laszlo, ecc.).) e alla visione olografica del mondo (Talbot, Goswami, McTaggart, ecc.).

In tutti i sistemi, abbiamo a che fare con diversi livelli di complessità che si intrecciano l'uno nell'altro, rendendo così quasi impossibile sezionare parti del sistema per una ricerca più approfondita senza distorcere l'insieme dei risultati della nostra ricerca. Ciò significa che, contrariamente alla precedente scienza *vivisezionista*, dobbiamo lasciare il sistema intatto e concentrare la nostra ricerca sull'insieme di esso, il che rende la ricerca molto complessa per definizione.

Abbiamo quindi dovuto sviluppare una *nuova matematica*, che si chiama matematica della complessità, per affrontare gli alti livelli di complessità dei sistemi viventi. Questo significa anche che la semplice analisi è più o meno disfunzionale per indagare la logica naturale dei sistemi viventi. Spiega Capra:

Secondo la visione dei sistemi, le proprietà essenziali di un organismo, o sistema vivente, sono proprietà dell'insieme, che nessuna delle parti ha. Esse derivano dalle interazioni e dalle relazioni tra le parti. Queste proprietà vengono distrutte quando il sistema viene sezionato, fisicamente o teoricamente, in elementi isolati. Anche se possiamo distinguere le singole parti in qualsiasi sistema, queste parti non sono isolate, e la natura dell'insieme è sempre diversa dalla semplice somma delle sue parti. (...) Il grande shock della scienza del ventesimo secolo è stato che i sistemi non possono essere compresi dall'analisi. Le proprietà delle parti non sono proprietà intrinseche, ma possono essere comprese solo nel contesto del più grande insieme. Così il rapporto tra le parti e il tutto è stato invertito. (Id., 29. Traduzione mia.)

Capra definisce il *Rete de la Vita* come 'reti all'interno delle reti.'

Ad ogni scala, sotto un esame più attento, i nodi della rete si rivelano come reti più piccole. Tendiamo a disporre questi sistemi, tutti nidificanti all'interno di sistemi più grandi, in uno schema gerarchico, ponendo i sistemi più grandi al di sopra di quelli più piccoli in modo piramidale. Ma questa è una proiezione umana. In natura non c'è 'sopra' o 'sotto,' e non ci sono gerarchie. Ci sono solo reti che si annidano all'interno di altre reti. (Id., 35. Traduzione mia.)

Infatti, i sistemi viventi non sono, come la nostra organizzazione governativa e sociale, gerarchici, ma basati sulla rete, e quindi si espandono non verso l'alto, ma orizzontalmente, collegando segmenti 'neuronali' a strutture molecolari più grandi che distribuiscono informazioni istantaneamente su tutta la rete. Si può anche dire che una rete vivente è un sistema di condivisione totale dell'informazione dove non c'è una singola molecola che non sia informata in nessun punto del tempo e dello spazio.

Il fatto che le reti orizzontali siano annidate all'interno di altre reti orizzontali, mentre le diverse reti possiedono tutte diversi livelli di complessità, rende la ricerca infinitamente complessa. Per questo motivo i computer ad alte prestazioni hanno aiutato molto lo sviluppo della teoria dei sistemi. Ma l'intuizione più rivoluzionaria in questo caso è che la nostra abituale abitudine di sezionare parti di un tutto per un ulteriore esame e un'indagine scientifica non funziona con i sistemi viventi. Perché è così?

In definitiva—come la fisica quantistica ha dimostrato in modo così drammatico—non ci sono affatto parti. Ciò che chiamiamo parte non è altro che un modello in una rete di relazioni inseparabile. Quindi lo spostamento dalle parti al tutto può anche essere visto come uno spostamento dagli oggetti alle relazioni. (Id., 37. Traduzione mia.)

Di conseguenza, il nostro approccio all'indagine scientifica deve passare da un approccio di ricerca basata sugli oggetti a un approccio di ricerca basato sulle *relazioni* quando ci occupiamo di sistemi viventi.

Questo richiede che il ricercatore cambi il suo assetto interno; questo è esattamente ciò che la fisica quantistica ci ha rivelato, cioè che il sistema di credenze dell'osservatore si rifletterà nel risultato della ricerca, in quanto parte della realtà, e non deve essere sezionato da essa.

E c'è un altro elemento cruciale nella ricerca sui sistemi che Capra spiega e chiarisce, il fatto che nell'avvicinarsi alla realtà quantistica, e al comportamento organico, dobbiamo imparare la matematica della probabilità. Che cos'è la probabilità? È l'approssimazione del comportamento.

Affrontare le approssimazioni significa lasciarsi alle spalle il principio di certezza e avventurarsi in quello che Heisenberg chiamava il *principio di incertezza*.

Rinunciare alle certezze fa paura. Questa paura è stata vividamente descritta da Max Planck e Heisenberg quando il paradigma ha iniziato a cambiare e la fisica quantistica ha cominciato a mutare lentamente ma definitivamente a minare la geometria euclidea e la sicurezza newtoniana.

Perché la nostra certezza sull'universo è stata minata? Beh, quando guardiamo alla filosofia indù e alla scienza cinese antica, la certezza non è mai stata in realtà un elemento della scienza olistica perenne, ma solo una parte della frammentata scienza moderna. Una volta abbandonata la certezza, cominciamo a cogliere la nozione di *approssi-mazione* e di *probabilità*, e di conseguenza sposti-amo i nostri costrutti matematici.

Ciò che rende possibile trasformare l'approccio dei sistemi in una scienza è la scoperta che esiste una conoscenza approssimativa. Questa intuizione è cruciale per tutta la scienza moderna. Il vecchio paradigma si basa sulla credenza cartesiana nella certezza della conoscenza scientifica. Nel nuovo paradigma si riconosce che tutti i concetti e le teorie scientifiche sono limitati e approssimativi. La scienza non può mai fornire una comprensione completa e definita. (Id., 41. Traduzione mia.)

Il prossimo importante punto centrale nella rete della vita è l'introduzione del concetto di *sistemi aperti*. Cos'è un sistema aperto? Spiega Capra:

A differenza dei sistemi chiusi, che si assestano in uno stato di equilibrio termico, i sistemi aperti si mantengono lontani dall'equilibrio in questo 'stato stazionario' caratterizzato da un flusso e un cambi-amento continuo. (Id., 48. Traduzione mia.)

I sistemi viventi sono sistemi aperti e non chiusi, il che significa che la loro caratteristica principale è il cambiamento e il flusso, non la con-tinuità e il comportamento statico. Sono *lontani dall'equilibrio,* che è la scoperta più rivoluzionaria della ricerca sui sistemi.

Ciò significa che i sistemi viventi sono costantemente in lotta contro il decadimento.

E il decadimento qui significa equilibrio. Questa è un'intuizione molto importante perché quando la estrapoliamo dai sistemi viventi alla realtà metafisica, vediamo che si applica anche agli esseri umani, e persino alle religioni. Quando siamo sistemati, siamo morti; questo è ciò che tutto si riduce a questo. E questa intuizione della ricerca sui sistemi può aiutarci a sopravvivere in uno stato lontano dall'equilibrio, mettendo da parte la nostra rassicurazione o la falsa rassicurazione, per rimanere con la probabilità, la mente del principiante, come è saggiamente espresso nello Zen.

Ho sottolineato in tutte le mie pubblicazioni l'importanza di comprendere la natura dell'universo come *universo modellato,* mostrando l'importanza in natura dell'intelligenza modellata, o organizzazione modellata. Cosa sono i modelli? Capra spiega l'importanza del *modello (pattern)* quando esplora il significato dell'auto-organizzazione, che è

una delle principali caratteristiche dei sistemi
viventi:

> Per comprendere il fenomeno dell'auto-organiz-
> zazione, dobbiamo prima capire l'importanza del
> modello. L'idea di un modello di organizzazione—
> una configurazione di relazioni caratteristica di un
> particolare sistema—è stata il fulcro esplicito del
> pensiero dei sistemi in cibernetica e da allora è sta-
> to un concetto cruciale. Dal punto di vista dei sis-
> temi, la comprensione della vita inizia con la com-
> prensione del modello. (Id., 80. Traduzione mia.)

Per descrivere la natura dei sistemi modellati
dobbiamo cambiare o perlomeno aggiornare il nostro set di strumenti di base dell'indagine scientifica.
Spiega Capra:

> Nello studio della struttura misuriamo e pesiamo le
> cose. I modelli, tuttavia, non possono essere mis-
> urati o pesati; devono essere mappati. Per capire
> uno schema dobbiamo mappare una configu-
> razione di relazioni. In altre parole, la struttura im-
> plica quantità, mentre il modello implica qualità.
> (Id., 81. Traduzione mia.)

Questo richiede un cambiamento radicale nel
nostro pensiero scientifico perché tradizionalmente
la scienza cartesiana era basata sulla quantità e ori-

entata alla misura, mentre la scienza sistemica è basata sulla qualità e orientata alla relazione, che Capra esemplifica quando si guarda alle proprietà coinvolte nel focus scientifico della teoria sia statica che sistemica:

> Le proprietà sistemiche sono proprietà di modello. Ciò che viene distrutto quando un organismo vivente viene sezionato è il suo modello. I componenti sono ancora lì, ma la configurazione delle relazioni tra di loro—il modello—viene distrutta, e così l'organismo muore. (Id. Traduzione mia.)

Un'importante funzione di autoregolamentazione nei sistemi viventi sono i *cicli di feedback (loop di feedback)*. Senza i cicli di feedback, i sistemi viventi non potrebbero essere auto-organizzati. Spiega Capra:

> Poiché le reti di comunicazione possono generare loop di feedback, possono acquisire la capacità di autoregolarsi. Ad esempio, una comunità che mantiene una rete di comunicazione attiva imparerà dai suoi errori, perché le conseguenze di un errore si diffonderanno attraverso la rete e torneranno alla/alla fonte lungo i cicli di feedback. In questo modo la comunità può correggere i propri errori, regolarsi e organizzarsi. In effetti, l'auto-organiz-

zazione è emersa come forse il concetto centrale nella visione sistemica della vita, e come i concetti di feedback e auto-regolazione, è strettamente legata alle reti. Il modello di vita, potremmo dire, è un modello di rete capace di auto-organizzazione. Si tratta di una definizione semplice, eppure si basa su recenti scoperte all'avanguardia della scienza. (Id., 82-83. Traduzione mia.)

Un altro requisito per comprendere i sistemi viventi è quello di concentrarsi sulla qualità intrinseca dei sistemi viventi come *sistemi non lineari* che richiedono, per essere compresi, un approccio matematico altrettanto non-lineare. Una delle prime realizzazioni della non linearità matematica è stata l'introduzione del frattale in matematica. Infatti, nei miei scambi con il matematico svizzero Peter Meyer, che fu il collaboratore di Terence McKenna per la realizzazione del calcolo dello *Timewave Zero* a onda temporale come parte della *Novelty Theory*, ho imparato che il tempo è un frattale. Spiega Capra:

Il grande fascino esercitato dalla teoria del caos e dalla geometria frattale su persone di tutte le discipline—dagli scienziati ai manager agli artisti—può essere davvero un segno di speranza che l'isolamento della matematica sta finendo. Oggi la nuova matematica della complessità sta facendo capire a sempre più persone che la matematica è molto più che formule aride; che la comprensione dei modelli è cruciale per comprendere il mondo vivente che ci circonda; e che tutte le questioni di modelli, ordine e complessità sono essenzialmente matematiche. (Id., 152, 153. Traduzione mia.)

Dopo aver chiarito che la ricerca sui sistemi implica un approccio scientifico basato sul processo piuttosto che sull'oggetto, Capra presenta il tema di ricerca forse più importante di questo libro, la *reinvestigazione della cognizione* basata sulle intuizioni della ricerca sui sistemi. Capra persegue:

L'identificazione della mente, o cognizione, con il processo della vita è un'idea radicalmente nuova nella scienza, ma è anche una delle intuizioni più profonde e arcaiche dell'umanità. Nell'antichità la mente umana razionale era vista solo come un aspetto dell'anima immateriale, o spirito. (Id., 264. Traduzione mia.)

In realtà, l'intero dibattito sull'*information processing*, vividamente criticato nei primi scritti del think tank Edward de Bono, e il dibattito ancora più ampio sulla cibernetica rendono chiaro che la *cognizione* è attualmente in un processo di profonda rivalutazione:

> Il modello informatico della cognizione è stato finalmente messo seriamente in discussione negli anni '70, quando è emerso il concetto di auto-organizzazione. (...) Queste osservazioni suggerivano uno spostamento dell'attenzione dai simboli alla connettività, dalle regole locali alla coerenza globale, dall'elaborazione delle informazioni alle proprietà emergenti delle reti neurali. (Id., 266. Traduzione mia.)

Nella mia esplorazione scientifica delle emozioni, ho rivisitato la nostra comprensione scientifica delle emozioni, così come è stata conosciuta in modo frammentario e riduzionista sotto il paradigma della scienza cartesiana.

—Vedi Peter Fritz Walter, Integrate Your Emotions (2014).

Capra spiega in modo esauriente che le emozioni non sono elementi singolari, ma coerentemente organizzati all'interno di un sistema modellato in cui la cognizione e la risposta si intrecciano in un insieme organico e autoregolatorio:

La gamma di interazioni che un sistema vivente può avere con il suo ambiente definisce il suo 'dominio cognitivo.' Le emozioni sono parte integrante di questo dominio. Per esempio, quando rispondiamo a un insulto arrabbiandoci, l'intero schema dei processi fisiologici—faccia rossa, respirazione più veloce, tremori, e così via—fa parte della cognizione. Infatti, recenti ricerche indicano fortemente che c'è una colorazione emotiva in ogni atto cognitivo. (Id., 269. Traduzione mia.)

Il fatto più importante che la teoria dei sistemi ci insegna sulla cognizione è che essa non funziona affatto come un computer elabora le informazioni.

L'elaborazione delle informazioni (*information processing*), già anni fa nelle parole di Edward de Bono è stata definita una preoccupazione degli scienziati occidentali, e questa ossessione non era giustificata perché il nostro cervello non elabora le informazioni come fa un computer. Capra spiega perché:

Un computer elabora le informazioni, il che significa che manipola i simboli sulla base di determinate regole. I simboli sono elementi distinti alimentati nel computer dall'esterno, e durante l'elaborazione delle informazioni non vi è alcun cambiamento nella struttura della macchina. La struttura fisica del computer è fissa, determinata dal suo design e dalla sua costruzione. Il sistema nervoso di un organismo vivente ... interagisce con il suo ambiente modulando continuamente la sua struttura, in modo che in qualsiasi momento la sua fisica/struttura sia una registrazione dei precedenti cambiamenti strutturali. Il sistema nervoso non elabora le informazioni provenienti dal mondo esterno ma, al contrario, fa emergere un mondo nel processo di cognizione. (Id., 274-275. Traduzione mia.)

Capra risponde poi al dibattito sull'intelligenza artificiale e sui miti che essa crea nella mente di masse di persone:

Molta confusione è causata dal fatto che gli informatici usano parole come intelligenza, memoria e linguaggio per descrivere i computer, il che implica che queste espressioni si riferiscono ai fenomeni umani che conosciamo bene per esperienza. Si tratta di un grave malinteso. Per esempio, l'essenza stessa dell'intelligenza è agire in modo appropriato quando un problema non è chiaramente definito e le soluzioni non sono evidenti. Il comportamento umano intelligente in tali situazioni si basa sul buon senso, accumulato dall'esperienza vissuta. Il buon senso, tuttavia, non è disponibile per i computer a causa della loro cecità di astrazione e dei limiti intrinseci delle operazioni formali, e quindi è impossibile programmare i computer per essere intelligenti. (Id., 275-276. Traduzione mia.)

La vera intelligenza è *contestuale*, come il linguaggio. Nessun computer può capire il significato. L'intelligenza di un ratto è un milione di volte più vicina a quella dell'uomo che a quella del computer più potente e sofisticato. Appunti di Capra:

> Il motivo è che il linguaggio è inserito in una rete di convenzioni sociali e culturali che fornisce un contesto di significato non detto. Noi comprendiamo questo contesto perché per noi è il buon senso, ma un computer non può essere programmato con il buon senso e quindi non capisce il linguaggio. (Id., 276. Traduzione mia.)

Capra è noto per essere uno dei migliori ecologisti del mondo, e spesso viaggia per dare consigli ecologici ai governi e alle agenzie non governative. Ha messo l'accento sulla *sostenibilità*, termine introdotto nei primi anni '80 da Lester Brown, fondatore del Worldwatch Institute. Ha definito una società sostenibile come una società in grado di soddisfare le sue esigenze senza diminuire le possibilità delle generazioni future.

Un sistema è quindi sostenibile quando è non solo *funzionale*, ma anche ben *integrato* in un continuum più ampio, in modo da avere una buona prognosi di sopravvivenza, di continuità. Scrive Capra:

> Il partenariato è una caratteristica essenziale delle comunità sostenibili. Gli scambi ciclici di energia e di risorse in un ecosistema sono sostenuti da una cooperazione pervasiva. Infatti, abbiamo visto che dalla creazione delle prime cellule nucleate più di due miliardi di anni fa, la vita sulla Terra è andata avanti attraverso accordi sempre più intricati di cooperazione e coevoluzione. Il partenariato—la tendenza ad associarsi, a stabilire legami, a vivere l'uno dentro l'altro e a cooperare—è uno dei segni distintivi della vita. (Id., 278. Traduzione mia.)

Partenariato e cooperazione erano in realtà parole aliene sotto il patriarcato, ma erano radicate nelle civiltà pre-patriarcali, come la civiltà minoica, e quindi quello in cui ci troviamo oggi è un ritorno alle fonti.

Sfortunatamente la maggior parte dei nostri governi ha un atteggiamento cinico quando va a

riconoscere la necessità di proteggere la nostra terra dall'essere distrutta da tecnologie spietate e non
ecologiche. Capra è piuttosto schietto in questo
caso:

> La guerra del 1991 nel Golfo Persico, per esempio,
> che ha ucciso centinaia di migliaia di persone, im-
> poverito milioni di persone e causato disastri ambi-
> entali senza precedenti, ha avuto le sue radici in
> gran parte nelle politiche energetiche sbagliate delle
> amministrazioni Reagan e Bush. (Id., 299-300.
> Traduzione mia.)

E si spera che il fatto che ecologisti dedicati
come il Dr. Capra stiano oggi viaggiando in tutto il
mondo per consultare i governi per l'elaborazione
di politiche più ecologiche contribuirà a cambiare
il nostro modo di pensare sia amministrativo che
commerciale; si spera che preparerà il terreno per
una sana ecologia, partnership, cooperazione e
comunicazione rispettosa che superi i confini
nazionali e culturali. Questo è quanto dice Capra
su questo argomento in *The Hidden Connections*
(2002):

> Le organizzazioni devono subire dei cambiamenti
> fondamentali, sia per adattarsi al nuovo contesto

imprenditoriale, sia per diventare ecologicamente sostenibili. Questa doppia sfida è urgente e reale, e le recenti ampie discussioni sul cambiamento organizzativo sono pienamente giustificate. Tuttavia, nonostante queste discussioni e alcune prove aneddotiche di tentativi riusciti di trasformare le organizzazioni, il bilancio complessivo è molto scarso. (Id., 99. Traduzione mia.)

Le Connessioni Nascoste è forse il punto culminante del viaggio sistemico di Capra e della sua formulazione di un paradigma di scienza olistica praticabile.

Poiché questo capitolo non riguarda solo la ricerca di Capra, ma anche l'uomo, l'umano Fritjof Capra, vorrei citare tutte le informazioni personali su di lui che ho trovato nei suoi libri. Per cominciare, proprio all'inizio di *Connessioni Nascoste*, Capra rivela un'importante informazione su se stesso e sul suo insolito sviluppo come scienziato:

La mia estensione dell'approccio dei sistemi al dominio sociale include esplicitamente il mondo materiale. Questo è insolito, perché tradizionalmente gli scienziati sociali non sono stati molto interessati al mondo della materia. Le nostre discipline accademiche sono state organizzate in modo tale che le scienze naturali si occupano delle strutture materiali mentre le scienze sociali si occupano delle strutture sociali, che sono intese come, essenzialmente, regole di comportamento. In futuro, questa rigida divisione non sarà più possibile, perché la sfida chiave di questo nuovo secolo—per gli scienziati sociali, gli scienziati naturali e tutti gli altri—sarà quella di costruire comunità ecologicamente sostenibili, progettate in modo tale che le loro tecnologie e le loro istituzioni sociali—le loro strutture materiali e sociali—non interferiscano con la capacità intrinseca della natura di sostenere la vita. (xix. Traduzione mia.)

Capra inizia, sistemicamente sano, con la cellula, notando che il sistema vivente più semplice è la cellula, e soprattutto, la *cellula batterica*. Poi Capra guarda cosa sono le membrane, e cosa fanno, e questo è altamente rivelatore, e insegna una lezione importante sulle relazioni. Non ho trovato questa metafora perspicace da nessun'altra parte, e mi ha mostrato proprio all'inizio del libro che sarà una lezione molto importante:

Una membrana è molto diversa da una parete cellulare. Mentre le pareti cellulari sono strutture rigide, le membrane sono sempre attive, si aprono e si chiudono continuamente, tenendo fuori alcune sostanze e lasciandone entrare altre. Le reazioni metaboliche della cellula coinvolgono una varietà di ioni, e la membrana, essendo semipermeabile, controlla le loro proporzioni e le mantiene in equilibrio. Un'altra attività critica della membrana è quella di pompare continuamente le scorie di calcio in eccesso, in modo che il calcio rimanente all'interno della cellula sia mantenuto al livello preciso e molto basso richiesto per le sue funzioni metaboliche. Tutte queste attività contribuiscono a mantenere la cellula come entità distinta e a proteggerla dalle influenze ambientali dannose. Infatti, la prima cosa che un batterio fa quando viene attaccato da un altro organismo è creare delle membrane. (Id., 8. Traduzione mia.)

Il prossimo punto importante per capire come la natura 'pensa' è il metabolismo della cellula, la rete che serve il riciclaggio. Capra elabora in modo succinto:

Quando osserviamo più da vicino i processi del metabolismo, notiamo che essi formano una rete chimica. Questa è un'altra caratteristica fondamentale della vita. Come gli ecosistemi sono intesi in termini di reti alimentari (reti di organismi), così gli organismi sono visti come reti di cellule, organi e sistemi di organi, e le cellule come reti di molecole.

Una delle principali intuizioni dell'approccio dei sistemi è stata la consapevolezza che la rete è un modello comune a tutta la vita. Ovunque vediamo la vita, vediamo reti. (...) La rete metabolica di una cellula comporta dinamiche molto particolari che differiscono in modo impressionante dall'ambiente non vivente della cellula. Assumendo sostanze nutritive dal mondo esterno, la cellula si sostiene attraverso una rete di reazioni chimiche che avvengono all'interno del confine e producono tutti i componenti della cellula, compresi quelli del confine stesso. (Id., 9. Traduzione mia.)

Tralascerò i lunghi passaggi in cui Capra spiega i contributi essenziali dei ricercatori di sistemi come Varela, Maturana o Prigogine, perché questo renderebbe illeggibile questo capitolo, e mi limiterò ad alcune osservazioni in cui cerco di descrivere il nucleo della ricerca sui sistemi che Capra svolge in questo libro:

Il punto di partenza è l'osservazione che tutte le strutture cellulari esistono lontane dallo stato di equilibrio—in altre parole, la cellula morirebbe—se il metabolismo cellulare non utilizzasse un flusso continuo di energia per ripristinare le strutture così velocemente come stanno decadendo. Ciò significa che dobbiamo descrivere la cellula come un sistema aperto. I sistemi viventi sono organizzativamente chiusi—sono reti autopoietiche—ma materialmente ed energeticamente aperte. (Id., 13. Traduzione mia.)

Cos'è il caos? Cos'è l'ordine? Tutti abbiamo dei preconcetti. Il caos non è caos, ma caos ordinato, e quindi non solo casuale. Qui, Capra spiega più dettagliatamente cosa fa effettivamente l'auto-organizzazione:

L'emergere spontaneo dell'ordine nei punti critici di instabilità è uno dei concetti più importanti della nuova comprensione della vita. È tecnicamente noto come auto-organizzazione ed è spesso indicato semplicemente come emergenza. È stata riconosciuta come l'origine dinamica dello sviluppo, dell'apprendimento e dell'evoluzione. In altre parole, la creatività—la generazione di nuove forme— è una proprietà chiave di tutti i sistemi viventi. E poiché l'emergenza è parte integrante delle dinamiche dei sistemi aperti, si giunge all'importante conclusione che i sistemi aperti si sviluppano ed evolvono. La vita si estende costantemente verso la novità. (Id., 14. Traduzione mia.)

Il prossimo grande errore in cui la maggior parte di noi è intrappolata e che è il risultato del pensiero sinistro del cervello è la distinzione che abbiamo fatto tra gli esseri umani e gli animali quando si tratta di cognizione. La verità è che non siamo molto più intelligenti dei gorilla, solo un po' di più, per la precisione solo un fattore di 1,6 in più. E oltre a questo, la convinzione che negli animali la cognizione funzioni in modi diversi rispetto agli esseri umani, sembra essere un errore; i ricercatori hanno scoperto che si può parlare con gli scimpanzé se si impara semplicemente la loro lingua, e loro possono imparare la nostra. Capra riassume questa ricerca a breve:

La visione unificata e post-cartesiana della mente, della materia e della vita implica anche una radicale rivalutazione dei rapporti tra l'uomo e gli animali. Nella maggior parte della filosofia occidentale, la capacità di ragionare è stata vista come una caratteristica esclusivamente umana, che ci distingue da tutti gli altri animali. Gli studi sulla comunicazione con gli scimpanzé / hanno messo in luce la fallacia di questa credenza nel più drammatico dei modi. Essi chiariscono che la vita cognitiva ed emotiva degli animali e quella degli esseri umani differiscono solo in modo graduale; che la vita è un grande continuum in cui le differenze tra le specie sono graduali ed evolutive. (Id., 65-66. Traduzione mia.).

IL CRITICO SOCIALE

Concludo questo capitolo indicando alcune connessioni politiche nascoste che Capra svela nel suo libro. Probabilmente ci sono ancora in giro persone appassionate di biotecnologie, ma credo che ignorino i fatti, e le loro conoscenze possono essere il risultato di una disinformazione.

L'uso più diffuso della biotecnologia vegetale è stato quello di sviluppare colture tolleranti agli erbicidi per poter vantare la vendita di particolari erbicidi. C'è una forte probabilità che le piante transgeniche si impollinino in modo incrociato con i parenti selvatici nei loro dintorni, creando così supererbe resistenti agli erbicidi. Le prove indicano che tali flussi genici tra le colture transgeniche e i parenti sel-

vatici si stanno già verificando. (Id., 193.
Traduzione mia.)

Perché abbiamo bisogno della biotecnologia, se posso chiedere? Ed è democratico favorire politiche legali e sociali che portano danni al nostro pianeta? Ho imparato da studente di giurisprudenza che un tale sistema si chiama *oligarchia*, il regno di pochi che controllano il resto. Come siamo arrivati a dire che viviamo in una democrazia?

Nel regno animale, dove la complessità cellulare è molto più elevata, gli effetti collaterali nelle specie geneticamente modificate sono molto peggiori. I 'super-salmoni,' che sono stati progettati per crescere il più velocemente possibile, sono finiti con teste mostruose e sono morti perché non erano in grado di respirare o di nutrirsi correttamente. Allo stesso modo, un super maiale con un gene umano per un ormone della crescita si è rivelato ulceroso, cieco e impotente. (...) La storia più orribile e ormai più conosciuta è probabilmente quella dell'ormone geneticamente modificato chiamato *ormone ricombinante della crescita bovina*, che è stato usato per stimolare la produzione di latte nelle vacche, nonostante il fatto che i produttori di latte americani abbiano prodotto molto più latte di quanto la gente possa consumare negli ultimi cinquant'anni. Gli effetti di questa follia di ingegneria genetica sulla salute della mucca sono gravi. Essi includono gonfiore, diarrea, malattie delle ginocchia e dei piedi, ovaie cistiche e molte altre. Inoltre, il loro latte può contenere una sostanza che è stata implicata nei tumori al seno e allo stomaco. (Id., 198. Traduzione mia.)

Perché abbiamo bisogno di super maiale? Mi sembra che siano il risultato di un pensiero quantitativo, un primato della quantità sulla qualità, e questo per l'ovvia ragione di massimizzare i profitti. Questo è un buon esempio del fatto che viviamo in quella che è stata chiamata la 'società corporativa' o Corporate America, come il prototipo di una società in cui le grandi aziende dettano gli standard che il governo seguirà e promulgheranno come leggi. Capra prende nota dei dettagli:

Negli Stati Uniti, l'industria biotecnologica ha convinto la Food and Drug Administration (FDA) a trattare gli alimenti geneticamente modificati come sostanzialmente equivalenti agli alimenti tradizionali, il che consente ai produttori di alimenti di eludere i normali test della FDA e dell'Environmental Protection Agency (EPA), e lascia anche alla discrezione delle aziende se etichettare i loro prodotti come geneticamente modificati. Così, il pubblico è tenuto all'oscuro della rapida diffusione degli alimenti transgenici e gli scienziati troveranno molto più difficile rintracciare gli effetti nocivi. Infatti, l'acquisto di alimenti biologici è ora l'unico modo per evitare gli alimenti geneticamente modificati. (Id., 199. Traduzione mia.)

In Germania e in Francia, le leggi sono diverse per quanto riguarda gli alimenti geneticamente modificati e l'UE probabilmente vieterà tutti i prodotti che devono essere sussulti sotto questo termine, perché questo è già lo stato della legge in Germania e in Francia, e per buoni motivi. Capra informa:

I governi di Francia, Italia, Grecia e Danimarca hanno annunciato che bloccheranno l'approvazione di nuove colture GM nell'Unione Europea. La Commissione Europea ha reso obbligatoria l'etichettatura degli alimenti GM, così come i governi di Giappone, Corea del Sud, Australia e Messico. Nel gennaio 2000, 130 nazioni hanno firmato a Montreal il rivoluzionario Protocollo di Cartagena sulla Biosicurezza, che dà alle nazioni il diritto di rifiutare l'ingresso a qualsiasi forma di vita geneticamente modificata, nonostante la veemente opposizione degli Stati Uniti. (Id., 228. Traduzione mia.)

Come avvocato, vedo chiaramente che attualmente stiamo affrontando una sfida per codificare legalmente queste nuove tecnologie—o per così dire ci codificheranno, trascinandoci in una turbolenza di *faits établis*, e la legge farà un balzo in avanti rispetto agli sviluppi reali. Ma la legge dovrebbe accompagnare meglio la ricerca passo dopo passo in modo da essere informata dalla crescita esplosiva di queste discipline di ricerca fortemente finanziate. Scrive Capra:

Lo sviluppo di queste nuove biotecnologie sarà una grande sfida intellettuale, perché ancora non capiamo come la natura abbia sviluppato tecnologie che, nel corso di miliardi di anni di evoluzione, sono di gran lunga superiori ai nostri progetti umani. Come fanno le cozze a produrre colla che si attacca a qualsiasi cosa in acqua? Come fanno i ragni a filare un filo di seta che, oncia per oncia, è cinque volte più forte dell'acciaio? Come fanno gli abalone a far crescere un guscio che è due volte più resistente delle nostre ceramiche high-tech? Come fanno queste creature a fabbricare i loro materiali miracolosi in acqua, a temperatura ambiente, in silenzio e senza sottoprodotti tossici? (Id., 204. Traduzione mia.)

Credo che la nostra sfida intellettuale e politica per il prossimo decennio sia quella di assumerci la responsabilità e di fermare del tutto lo sviluppo di queste tecnologie. Questo può essere fatto solo attraverso una precisa codificazione legale, dove la regola e l'eccezione sono chiaramente indicate. La regola dovrebbe essere il divieto totale delle biotecnologie, e le eccezioni dovrebbero essere i casi limitati in cui il loro uso può essere responsabilmente consentito senza mettere a repentaglio i sistemi viventi.

Alla fine dovremmo cominciare a capire che la nostra intelligenza semplicemente non è allo stesso livello di quella della natura, e giocare con questo genere di cose non è un gioco da ragazzi.

Nel fornire queste informazioni al lettore, Capra si dimostra un cittadino critico, e in questa qualità è più di uno scienziato. Che Capra possa essere anche un pragmatico, lo mostrerò nell'ultimo sottocapitolo, discutendo uno dei suoi ultimi libri, che è un campionario, coedito con Wolfgang Pauli, e pubblicato dalle Nazioni Unite.

IL PRAGMATICO

Steering Business Toward Sustainability (1995) è un libro di alto valore pratico per i leader e le organizzazioni che sono consapevoli della necessità di un'ecologia profonda e della sfida che attualmente affrontiamo per aggiornare la maggior parte delle nostre routine e procedure di base di business e di investimento al fine di costruire organizzazioni sostenibili.

Capra parla un linguaggio vero e proprio in questo libro piuttosto pragmatico e di qualità diversa rispetto alle sue precedenti pubblicazioni, in quanto affronta questioni di business, e in quanto presenta le intuizioni di un consulente che spesso è vicino alle ONG e al governo, sapendo quanto lentamente si muovono le cose nella vita reale. A differenza di molti altri in queste professioni, Capra mantiene una prospettiva sobria e realistica proprio all'inizio di questo libro:

> Molto semplicemente, le nostre pratiche commerciali stanno distruggendo la vita sulla terra. Date le attuali pratiche aziendali, non una sola riserva naturale, natura selvaggia o cultura indigena sopravviverà all'economia di mercato globale. (Id., 1. Traduzione mia.)

L'idea di *ecologia* di Capra è cresciuta nel corso di molti anni. Essa affonda le sue radici nelle intuizioni che ha esposto nei suoi quattro libri precedenti; ciò significa che le sue intuizioni e idee ecologiche sono solidamente radicate.

Inoltre, Capra non lascia dubbi sul fatto che l'alfabetizzazione ecologica non sia solo un nuovo concetto di scienza, ma un'idea intrinsecamente spirituale. Egli dà anche credito alle religioni e ai popoli che hanno praticato il pensiero ecologico molto prima della nascita degli Stati Uniti d'America:

Quando il concetto di spirito umano è inteso come il modo di coscienza in cui l'individuo si sente connesso al cosmo nel suo insieme, diventa chiaro che la coscienza ecologica è spirituale nella sua essenza più profonda. Non sorprende quindi che la nuova visione emergente della realtà, basata su una profonda coscienza ecologica, sia coerente con la cosiddetta filosofia perenne delle tradizioni spirituali, sia che si parli della spiritualità dei mistici cristiani, sia che si parli della spiritualità dei buddisti, sia che si parli della filosofia e della cosmologia alla base delle tradizioni indiane americane. (Id., 3. Traduzione mia.)

Capra ci ricorda che quando si ristruttura la nostra economia, dovremmo imparare dalla natura, invece di sentirci superiori alla natura. L'alfabetizzazione ecologica è una delle nozioni su cui Capra sta attualmente tenendo una conferenza, e Gunter Pauli, il co-redattore di questo lettore, è uno dei collaboratori più veri di Capra, e lui stesso un'autorità sull'ecologia in Germania.

—Vedi anche la presenza sul Web di Ecological Literacy o Ecoliteracy: http://www.ecoliteracy.org/

All'interno del concetto di alfabetizzazione ecologica, Capra sembra dare la massima importanza al termine *sostenibilità*, e spiega in modo esauriente cosa significa questo termine:

> Nei nostri tentativi di costruire e coltivare comunità sostenibili possiamo imparare preziose lezioni dagli ecosistemi, perché gli ecosistemi sono comunità sostenibili di piante, animali e microrganismi. Per comprendere queste lezioni, dobbiamo imparare il linguaggio della natura. Dobbiamo diventare alfabetizzati dal punto di vista ecologico. (...) Essere alfabetizzati dal punto di vista ecologico significa capire come gli ecosistemi si organizzano per massimizzare la sostenibilità. (Id., 4)

Molti di noi non hanno ancora capito perché le tecnologie sono così in conflitto con l'assetto della natura, e questo è un fatto che non viene quasi mai chiarito dai mass media. Le persone non istruite, e anche gli imprenditori che non sono stati esposti allo studio accademico, sono di solito a disagio nel comprendere le ragioni più profonde di questo conflitto. Capra, facendo riferimento a Paul Hawken, l'ecologia del commercio, lo chiarisce:

> L'attuale scontro tra economia e natura, tra economia ed ecologia, è dovuto principalmente al fatto che la natura è ciclica, mentre i nostri sistemi industriali sono lineari, assorbendo energia e risorse dalla terra, trasformandole in prodotti più rifiuti, scartando i rifiuti, e infine buttando via anche i prodotti dopo il loro utilizzo. I modelli sostenibili di produzione e di consumo devono essere ciclici, imitando i processi degli ecosistemi. (Id., 5. Traduzione mia.)

Nell'antichità, non c'era quasi bisogno che le persone imparassero a pensare i sistemi perché erano naturalmente allineati alla logica della natura; vivevano semplicemente con la natura, e non al di sopra della natura, come facciamo noi oggi. Possiamo anche dire che noi, come moderni abitanti delle città, abbiamo perso il nostro continuum, come è stato espresso con molta enfasi da Jean Liedloff in su libro *The Continuum Concept* (1977).

Inoltre, Capra ci informa su come dovremmo applicare l'ecologia nella nostra vita quotidiana, e su ciò che ci insegna. Ci sono *sette principi* da imparare che Capra chiama *Principi di Ecologia* e che spiega uno per uno:

Interdipendenza
Tutti i membri di un ecosistema sono interconnessi in una rete di relazioni, in cui tutti i processi vitali dipendono l'uno dall'altro.

Cicli ecologici
Le interdipendenze tra i membri di un ecosistema comportano lo scambio di energia e di risorse in cicli continui.

Flusso di Energia
L'energia solare, trasformata in energia chimica dalla fotosintesi delle piante verdi, guida tutti i cicli ecologici.

Partnership
Tutti i membri viventi di un ecosistema sono impegnati in un sottile gioco di competizione e cooperazione, che comporta innumerevoli forme di partenariato.

Flessibilità
I cicli ecologici hanno la tendenza a mantenersi in

uno stato flessibile, caratterizzato da fluttuazioni interdipendenti delle loro variabili.

Diversità
La stabilità di un ecosistema dipende dal grado di complessità della sua rete di relazioni; in altre parole, dalla diversità dell'ecosistema.

Coevoluzione
La maggior parte delle specie in un ecosistema coevolve attraverso un gioco di creazione e di adattamento reciproco.

Sostenibilità
La sopravvivenza a lungo termine di ogni specie in un ecosistema dipende da una base di risorse limitata. Gli ecosistemi si organizzano secondo i principi sopra riassunti in modo da mantenere la sostenibilità. (Id., 6. Traduzione mia)

Capra chiarisce anche il feedback-looping che troviamo essere una caratteristica tipica dei sistemi viventi. La comprensione del feedback attraverso il costante cambiamento dei parametri come risposta ad un dato stimolo è cruciale per la comprensione della natura ciclica di tutta la vita. Questo è uno dei punti su cui gli scienziati moderni sono veramente a disagio perché la loro struttura di pensiero è troppo lineare. Spiega Capra:

> Quando le mutevoli condizioni ambientali disturbano un anello di un ciclo ecologico, l'intero ciclo agisce come un anello di retroazione autoregolante e presto riporta la situazione in equilibrio. E poiché questi disturbi si verificano continuamente, le variabili di un ciclo ecologico fluttuano continuamente. Queste fluttuazioni rappresentano la flessibilità dell'ecosistema. La mancanza di flessibilità si manifesta come stress. In particolare, lo stress si verifica quando una o più variabili del sistema sono spinte ai loro valori estremi, il che induce una maggiore rigidità in tutto il sistema. Lo stress temporaneo è un aspetto essenziale della vita, ma lo stress prolungato è dannoso e distruttivo per il sistema. (Id., 7. Traduzione mia.)

È proprio questo feedback-looping ampiamente imprevedibile che è alla base dell'attuale distruzione ecologica mondiale e, si spera, della rigenerazione. Questa pericolosa situazione è aggravata dalla generale mancanza di alfabetizzazione ecologica sui possibili effetti di grandi perturbazioni, come il buco dell'ozono, la deforestazione, il riscaldamento globale e la desertificazione.

Le nostre conoscenze sono inoltre insufficienti per far funzionare efficacemente le soluzioni ecologiche anche una volta che le politiche ecologiche sono attuate dai governi e dalle aziende. Non è sufficiente vedere i pericoli e attuare nuove leggi valide per proteggere la natura, perché dobbiamo anche capire come i danni già fatti interagiranno con le nostre nuove politiche; questo perché non è scontato che le nostre migliori tattiche di guarigione della natura siano davvero la guarigione della natura. Per assicurare questo, dobbiamo imparare molto di più sul feedback-looping nei sistemi naturali.

Dobbiamo capire che la natura guarisce se stessa e che dobbiamo solo rimuovere i fattori che causano il danno. Per esempio, è stato dimostrato che la piantumazione di nuovi alberi non guarisce i danni che la deforestazione ha causato alla sanità ecologica del nostro pianeta. Sta tutto nel perché e nel come di piantare alberi, dove, quanti e in quale miscuglio di specie si trova la saggezza. D'altra parte, si è visto in Indonesia, che è uno dei paesi più colpiti dalla deforestazione, che enormi aree disboscate hanno cominciato a crescere alberi senza che nessuno facesse nulla! Le ricerche successive hanno dimostrato che le condizioni erano state ideali per far ricrescere gli alberi, ma nessuno sapeva perché in altri luoghi, dove a prima vista le condizioni erano molto simili, questo non era il caso.

Dobbiamo assolutamente praticare l'umiltà di fronte alla terribile ignoranza di cui soffriamo per quanto riguarda il livello di complessità della natura, in tutte le fasi dell'evoluzione.

Semplicemente non siamo addestrati nel pensiero della complessità, e le nostre scuole e università distruggono quel poco di complessità che abbiamo sviluppato naturalmente da bambini come risultato del gioco libero. È la libertà che è alla base della costruzione della complessità, non la disciplina, è il *permissivismo*, non la repressione.

Qui è dove il nostro moralismo fissa chiaramente il volto della natura, perché la natura è immorale o *morale-neutrale*. Come intuizione, dovremmo eliminare le nostre proiezioni sulla natura e allo stesso tempo preparare tutti i nostri sensi e la nostra intelligenza emotiva per ricevere i messaggi della natura. La natura comunica quando siamo pronti ad ascoltare, e ci dirà come possiamo aiutare a guarire i danni che abbiamo fatto in cinquemila anni di ignoranza patriarcale.

Il presente libro, insieme a *The Hidden Connections* e *The Web of Life*, insegna le basi per comprendere la complessità della natura e l'importanza della diversità, un concetto che attualmente è piuttosto evitato dalla politica tradizionale, mentre le fasi liberali, come avveniva negli anni '70, favoriscono livelli più elevati di diversità culturale.

La natura ci mostra che non si tratta di uno sviluppo casuale, ma che è la diversità da quale parte sta l'intelligenza e il comportamento che favorisce la vita, e non l'uniformità. Questo è così, tra l'altro, perché la diversità favorisce la flessibilità e, *viceversa*, l'uniformità comporta rigidità. Capra chiarisce:

> Negli ecosistemi, la flessibilità attraverso le fluttuazioni non sempre funziona, perché possono verificarsi perturbazioni molto gravi che di fatto spazzano via un'intera specie. In altre parole, uno dei collegamenti nella rete dell'ecosistema viene distrutto. Una comunità ecologica sarà resiliente quando questo collegamento non è l'unico nel suo genere; quando ci sono altri collegamenti che pos-

sono adempiere almeno in parte alle sue funzioni. In altre parole, più complessa è la rete, maggiore è la diversità delle sue interconnessioni, più sarà resiliente. Lo stesso vale per le comunità umane. Diversità significa molte relazioni diverse, molti approcci diversi allo stesso problema. Una comunità diversa è una comunità resiliente, capace di adattarsi facilmente a situazioni mutevoli. (Id., 8. Traduzione mia.)

Cosa significa per il nostro futuro la *perdita di diversità* sul pianeta, in tutti gli strati dei sistemi viventi? La considerazione è piuttosto fioca, e Capra non lascia dubbi al riguardo:

La perdita di biodiversità, cioè la perdita quotidiana di specie, è a lungo termine uno dei nostri più gravi problemi ambientali globali. E a causa della stretta integrazione delle popolazioni indigene tribali nei loro ecosistemi, la perdita di biodiversità è strettamente legata alla perdita della diversità culturale, all'estinzione delle culture tribali tradizionali. Questo è particolarmente importante oggi. Poiché le credenze e le pratiche della cultura industriale vengono riconosciute come parte della crisi ecologica globale, c'è un urgente bisogno di una più ampia comprensione dei modelli culturali sostenibili. La vasta saggezza popolare delle tradizioni in-

diane, africane e asiatiche è stata considerata inferi-
ore e arretrata dalla cultura industriale. È tempo di
invertire questa arroganza euro-centrica e di riconoscere che molte di queste tradizioni—i loro
modi di conoscere, le tecnologie, la conoscenza dei
cibi e delle medicine, le forme di espressione esteti-
ca, i modelli di interazione sociale, le relazioni co-
muni, ecc. (Id. Traduzione mia.)

Qualunque siano le nostre opinioni personali di
fronte a questi enormi problemi globali di cui le
nostre prossime generazioni saranno inevitabil-
mente gravate, dobbiamo mantenere una mente
aperta e imparare, e cambiare le nostre posizioni
rigide.

Fritjof Capra e Wolfgang Pauli hanno dato in
questo lettore suggerimenti molto utili che possono essere presi come punti di partenza per uno
studio più approfondito, dato che il campo di
indagine è enorme e complicato.

La complessità della natura è forse l'argomento
di studio più importante per la scienza del XXI secolo, e spero di potervi contribuire un po' con i
miei sforzi editoriali. Per quanto riguarda gli autori
di questo libro, hanno sicuramente dato il loro
sostanziale contributo!

Libri Recensiti

The Tao of Physics (1975)
Green Politics (1986)
The Turning Point (1987)
Uncommon Wisdom (1989)
Belonging to the Universe (1991)
Steering Business Toward Sustainability (1995)
The Web of Life (1997)
The Hidden Connections (2002)
The Science of Leonardo (2007)
Learning from Leonardo (2013)
The Systems View of Life (2014)

CAPITOLO TRE

Il Tao della Fisica

Il Tao della Fisica

Un'Esplorazione del Parallelo tra Fisica Moderna e Mistica Orientale

New York: Shambhala, 1975

Con Grafiche Originali

Le recensioni dei miei libri in questo volume non si limitano a ripetere quanto indicato nel secondo capitolo. Il fatto è che ho letto tutti i libri di Capra due volte. Nel caso di questo libro ho letto per la prima volta la versione riveduta di Bantam Books 1984 e su di essa ho citato il capitolo due. Qui, nella mia recensione, userò le citazioni che ho preso dall'edizione originale di Shambhala del 1975.

C'è un fenomeno interessante quando si rilegge un libro importante molti anni dopo averlo letto per la prima volta. Scoprirete delle cose e vi concentrerete su passaggi diversi da quelli che avete scoperto e che prima avete trovato degni di nota. Stavo leggendo il *Tao della Fisica* per primo nel 1986 e le citazioni del secondo capitolo sono tratte da quella prima lezione. Poi, nel 2014, ho riletto il libro e ho preferito l'edizione originale, perché è molto più curata, con un layout, un'impostazione dei caratteri e una presentazione molto migliori. Questa può essere un'impressione un po' soggettiva, tuttavia, non sono solo l'autore ma anche l'ideatore e l'editore dei miei libri, ma reagisco in modo piuttosto sensibile a come i libri sono realizzati, come sono progettati e si presentano al lettore. Ho trovato nel corso degli anni molti libri Bantam curati con negligenza, anche contenenti errori di battitura, mentre Shambhala mette in evidenza libri perfetti sotto ogni punto di vista, perché il design, l'impostazione dei caratteri, il layout e la presentazione si adattano perfettamente alla natura del contenuto. Tanto più che alcune delle grafiche di questa edizione sono di Capra e mancano nell'edizione Bantam.

Vorrei iniziare la mia discussione del libro con il primo capitolo: 'Fisica moderna, un sentiero con il cuore?' È un titolo molto buono perché spiega perché la fisica è così importante nella nostra epoca, ma la mette anche in discussione sulla falsariga di questa citazione dei libri di Carlos Castaneda:

Ogni sentiero è solo un sentiero, e non c'è nessun affronto, a se stessi o agli altri, nel lasciarlo cadere se questo è ciò che il tuo cuore ti dice... Guarda ogni sentiero da vicino e deliberatamente. Provatelo tutte le volte che lo ritenete necessario. Allora chiedetevi, e solo a voi stessi, una domanda ... Questo sentiero ha un cuore? Se ce l'ha, il sentiero è buono; se non ce l'ha, non serve a niente.
—Carlos Castaneda, *The Teachings of Don Juan*

Fritjof Capra inizia spiegando che la fisica atomica ha una grande influenza nel nostro mondo, nella politica, nelle armi, e si estende al pensiero e alla cultura. Nel corso del XX secolo, poi, si è avuta una revisione radicale dei concetti classici della fisica, poiché il concetto di materia nella fisica subatomica è totalmente diverso dall'idea tradizionale di sostanza materiale. Lo stesso, dice, è vero per quanto riguarda concetti come spazio, tempo, o causa ed effetto. Chiarisce poi che lo scopo del libro è quello di esplorare la relazione tra i concetti della fisica moderna e le idee di base nelle tradizioni filosofiche e religiose dell'Estremo Oriente.

Chiarisce anche che quando si riferisce alla 'mistica orientale,' intende le filosofie religiose dell'Induismo, del Buddismo e del Taoismo. Poi scrive:

> Anche se queste comprendono un vasto numero di discipline spirituali e sistemi filosofici sottilmente intrecciati, le caratteristiche fondamentali della loro visione del mondo sono le stesse. Questa visione non è limitata all'Oriente, ma si può trovare in una certa misura in tutte le filosofie mistiche. L'argomento di questo libro potrebbe quindi essere formulato in modo più generale, dicendo che la fisica moderna ci porta a una visione del mondo che è molto simile a quella dei mistici di tutte le epoche e tradizioni. (...) Parlerò quindi, per semplicità, della 'visione orientale del mondo' e citerò solo occasionalmente altre fonti di pensiero mistico.' (Id., 19. Traduzione mia.)

L'argomentazione che l'autore fa all'inizio del suo libro, come ipotesi da sostenere fino alla fine, è che il percorso della scienza occidentale è stato fondamentalmente ciclico. Ha avuto inizio come tradizione mistica circa 2500 anni fa con le filosofie mistiche dei primi greci, 'sorgendo e sviluppandosi in un impressionante sviluppo del pensiero intellettuale che sempre più si è allontanato dalle sue origini mistiche per sviluppare una visione del mondo che è in netto contrasto con quella dell'Estremo Oriente.' (Id.) Poi, nel nostro tempo, stiamo finalmente tornando alle prime filosofie greche e orientali.

> Questa volta, però, non si basa solo sull'intuizione, ma anche su esperimenti di grande precisione e raffinatezza, e su un formalismo matematico rigoroso e coerente. (Id. Traduzione mia.)

Mentre il lettore potrebbe voler contraddire questa ipotesi piuttosto audace che suona troppo semplicistica per essere vera, l'autore motiva il suo caso con argomenti ben riflettuti; in realtà il resto di questo capitolo consiste precisamente di 12 passi che ripercorrono lo sviluppo della scienza occidentale, e come tale è un tour de force intellettuale, e una grande conquista del pensiero sintetico! Adatterò questa sezione per la mia recensione qui senza citare. Il mio riassunto si conclude da pagina 20 a pagina 25 del libro—

1) Stiamo iniziando il nostro viaggio nel VI secolo a.C. in Grecia, all'epoca cultura in cui scienza, filosofia e religione non erano separate. La scuola filosofica regnante erano i *Milesi* in Ionia. Avevano un'idea interessante della natura, la chiamavano

'physis'—da cui derivava 'fisica'—che significava qualcosa di così ampio come la natura essenziale di tutte le cose. Questi saggi erano quindi pensatori olistici di primo ordine. Per questo furono chiamati 'ilozoisti,' che significa qualcosa come 'coloro che pensano che la materia sia viva;' non facevano distinzione tra natura animata e natura inanimata.

I due principali filosofi di questa scuola erano Talete e Anassimandro. Talete dichiarò che tutte le cose sono piene di divinità e Anassimandro spiegò la natura vivente delle cose con la nozione di 'pneuma' o respiro cosmico, che fu una delle prime parole che descrivevano l'energia vitale o ciò che Barbara Brennan coniò il campo energetico universale (UEF).

2) La visione organica del mondo dei Milesi trova un parallelo nell'antica filosofia indiana e cinese. C'è un nome altisonante nella filosofia greca che si può dire abbia il più vicino riflesso della visione orientale del mondo: *Eraclito di Efeso*. Proprio come l'*Yi Jing* o *Libro dei Cambiamenti* in Cina, Eraclito spiegava la natura come un continuo cambiamento e trasformazione. Insegnava una teoria molto simile alla nozione cinese di *Yin e Yang* in

quanto sottolineava l'interazione dinamica e ciclica degli opposti come motore trainante della vita e della crescita. Questa unità, che contiene e trascende tutte le forze opposte, ha chiamato il *Logos*.

3) La scissione di questa visione del mondo olistica e organica è iniziata con la *scuola eleatica*, che poneva un 'Principio Divino' al di sopra della natura. Questo principio si è sviluppato nell'idea predominante di un Dio personale che sta al di sopra del mondo e lo dirige. Questo portò poi alla scissione schizoide tra mente e materia che divenne così caratteristica della scienza e della filosofia occidentale.

4) Questa scissione è stata sottolineata da *Parmenide* che si è dichiarato in opposizione a Eraclito. Egli si spinse fino a dire che vedere il cambiamento nella natura era un'illusione dei sensi.

5) Cento anni dopo, in Grecia, si è tentato di superare la scissione e di conciliare le idee di Parmenide ed Eraclito. Questo portò all'idea dell'atomo come la più piccola e indivisibile unità di materia. I principali esponenti di questa scuola filosofica furono *Leucippo* e *Democrito*. L'ulteriore

idea allora era che in natura ci sono 'blocchi di base.' Tuttavia, essi non erano visti come materia organica, ma essenzialmente materia morta.

6) Logicamente, con la scissione tra mente e materia, da quel momento i filosofi dedicarono il loro pensiero al mondo spirituale e ai problemi dell'etica, sottolineando così sempre più l'idea che il corpo e l'anima sono due regni diversi e devono essere considerati da diverse dottrine scientifiche o religiose.

7) Con l'imponente figura di *Aristotele*, la conoscenza scientifica dell'Antichità è stata sistematizzata e organizzata e la visione del mondo che ne è derivata è stata cementata per 2000 anni a venire, poiché la Chiesa cristiana ha sostenuto la dottrina di Aristotele per tutto il Medioevo.

8) Alla fine del XV secolo lo studio della natura è stato per la prima volta affrontato con quello che più tardi è stato chiamato 'il metodo scientifico,' cioè l'impegno di esperimenti scientifici che si esprimono nel linguaggio matematico, come sperimentato da Galileo.

9) La forma più estrema del dualismo spirito/materia è stata poi concettualizzata e formalizzata

da *Cartesio* in Francia, che ha basato la sua visione della natura su una divisione tra *res cogitans (mente)* e *res extensa (materia).* Questa impostazione 'cartesiana' della scienza ha portato direttamente a una visione del mondo in cui il mondo era visto come un gigantesco orologio.

10) La visione meccanicistica del mondo fu poi formulata scientificamente da *Isaac Newton;* fu poi fatta diventare la base della fisica classica, chiamata anche 'meccanica.'

a) Dalla seconda metà del XVII secolo fino alla fine del XIX secolo, il modello meccanicistico dell'universo ha regnato nella scienza, in parallelo con un Re di Dio che governava il mondo dall'alto; le leggi fondamentali della natura sono state quindi dichiarate come le leggi di Dio a cui il mondo era sottoposto.

b) L'idea di Cartesio 'cogito ergo sum'—penso, quindi esisto—ha portato al concetto ultimo dell'essere umano come ego isolato che esiste 'dentro' il suo corpo. Di conseguenza, l'antica visione organica del corpo si è persa con questa idea di una scissione in ogni individuo che porta a un gran numero di compartimenti separati.

c) La *visione frammentata* della natura e di tutti gli esseri viventi è stata poi messa in parallelo nella società dalla divisione del panorama politico in diverse nazioni, razze, gruppi religiosi e politici, creando così il disturbo percettivo che ha portato alla *crisi acuta della percezione* con cui abbiamo a che fare su scala mondiale. Ha portato a una distribuzione grossolanamente ingiusta delle risorse naturali creando disordine e violenza, così come la distruzione ambientale e la perdita di molte specie.

11) In contrasto con la visione del mondo meccanicistica che regnava in Occidente, la visione del mondo orientale è rimasta organica. Come espresso nella filosofia buddista:

> Quando la mente è disturbata, si produce la molteplicità delle cose, ma quando la mente è quieta, la molteplicità delle cose scompare.

12) Mentre nella mistica orientale, che si tratti di induismo, buddismo o taoismo, ci sono varie scuole che hanno in comune il fatto che tutte sottolineano l'unità di base dell'universo e vedono le 'diecimila cose' come fondamentalmente interconnesse. È per questo motivo che queste filosofie possono essere definite di natura 'religiosa.' Condi-

vidono anche l'idea che tutto in natura è in continuo cambiamento e che la coscienza umana è per sempre fluida. Il cosmo è visto come vivo, in movimento, e organico, spirituale e materiale allo stesso tempo.

È da questo punto in poi che Fritjof Capra si propone di confrontare la visione del mondo orientale con i frammentati concetti occidentali della scienza, da un lato, e della religione, dall'altro. Egli scrive:

> Questo libro mira a migliorare l'immagine della scienza mostrando che esiste un'armonia essenziale tra lo spirito della saggezza orientale e la scienza occidentale. Cerca di suggerire che la fisica moderna va ben oltre la tecnologia, che la via—o Tao della fisica può essere un percorso con un cuore, una via verso la conoscenza spirituale e la realizzazione di sé. /25

È molto intrigante vedere, dopo questa revisione dello sviluppo del nostro paradigma scientifico, che sembriamo davvero tornare alle origini stesse, cioè alla *visione organica e olistica* della vita e della natura che è stata intuitivamente formulata da Talete, Anassimandro e soprattutto Eraclito. Nel frattempo, e andando oltre i libri di Fritjof Capra, il *campo energetico cosmico* e il *campo energetico umano* sono scientificamente riconosciuti. Parliamo del *Campo*, del *Campo Quantico*, del *Campo a Punto Zero* o del *Vuoto Quantico*. Si riconosce oggi che mentre l'idea di un 'etere' non è stata mantenuta per, come ha scoperto Albert Einstein, il concetto stesso di campo è dinamico e trasmette la funzione di condotto dell'etere, non abbiamo bisogno, come scrive Rupert Sheldrake in *Una Nuova Scienza Della Vita (1995)* di alcuna teoria 'vitalistica' per spiegare ciò che egli stesso ha coniato il 'campo morfogenetico. Scrive Capra:

> Fu Einstein a riconoscere chiaramente questo fatto cinquant'anni dopo, quando dichiarò che non esisteva etere e che i campi elettromagnetici erano entità fisiche a sé stanti che potevano viaggiare attraverso lo spazio vuoto e non potevano essere spiegate meccanicamente. /61 (Traduzione mia.)

Si tratta, dopo tutto, di un notevole progresso epistemologico rispetto al vecchio concetto di etere che, in fondo, era visto come un'aggiunta ai quattro elementi, acqua, vento, fuoco e terra. Ma da un punto di vista concettuale non ha senso vedere l'etere, il campo energetico vitale, come separato dagli altri elementi. Infatti, questo campo è contenuto in essi, come è contenuto in tutti, è universale e non locale, e quindi, onnipresente.

In contraddizione con gli inizi della scienza nell'antica Grecia, oggi siamo equipaggiati con macchinari e dispositivi di misura di alta precisione per localizzare e manipolare il campo, e possiamo impostare una moltitudine di esperimenti e progetti di ricerca computerizzati per provare le nostre ipotesi, o per falsificarle. Scrive Fritjof Capra:

> Ora il concetto di forza è stato sostituito dal concetto molto più sottile di un campo che aveva una sua realtà propria e che poteva essere studiato senza alcun riferimento ai corpi materiali. /60-61 (Traduzione mia.)

Il prossimo punto in cui vediamo oggi l'errore dei filosofi greci 'atomisti' Leucippo e Democrito è la scoperta, fatta prima da *Rutherford* e poi confermata da altri, che l'atomo assomiglia a una mini galassia e non ha nulla che possa indurci a pensare che sia una sostanza materiale 'dura' e 'morta.' Scrive Capra:

Quando Rutherford bombardò gli atomi con ... particelle alfa, ottenne risultati sensazionali e totalmente inaspettati. Lungi dall'essere le particelle dure e solide che si credeva fossero fin dall'antichità, gli atomi si rivelarono costituiti da vaste regioni dello spazio in cui particelle estremamente piccole—gli elettroni—si muovevano intorno al nucleo, legate ad esso da forze elettriche. /65 (Traduzione mia.)

Il prossimo punto dello schema di argomentazione di Capra è quello di mostrare come la teoria della relatività abbia preparato la scoperta del campo quantistico nel mostrare che spazio e tempo sono completamente equivalenti:

Spazio e tempo sono completamente equivalenti; sono unificate in un continuum quadridimensionale in cui le interazioni delle particelle possono estendersi in qualsiasi direzione. Se vogliamo immaginare queste interazioni, dobbiamo immaginarle in un unico 'istantaneo quadridimensionale' che copra l'intero arco di tempo e l'intera regione dello spazio. /185

Cosa si intende veramente con il concetto di spazio-tempo di Einstein? J. Krishnamurti e altri insegnanti orientali sottolineano che il pensiero deve avvenire nel tempo. Tuttavia, Capra spiega che lo spazio-tempo della fisica relativistica è uno 'spazio simile senza tempo di dimensioni superiori' in cui tutti gli eventi sono interconnessi, ma che queste connessioni non sono causali.

> Le interazioni delle particelle possono essere interpretate in termini di causa ed effetto solo quando i diagrammi spazio-temporali vengono letti in una direzione definita, ad esempio dal basso verso l'alto. Quando sono presi come schemi quadridimensionali senza una direzione di tempo definita, non c'è nessun 'prima' e nessun 'dopo,' e quindi nessuna causalità. /186

In effetti, la fisica moderna ha trasceso la visione materialistica del mondo in quanto immagina la materia non come passiva e inerte, ma come essere in un continuum vibrazionale, una sorta di danza 'i cui modelli ritmici sono determinati dalle strutture molecolari, atomiche e nucleari.' (Id., 194. Traduzione mia.)

Inoltre, la teoria quantistica ha dimostrato che le particelle sono modelli di probabilità, interconnessioni in una rete cosmica inseparabile.

Le particelle del mondo subatomico non sono attive solo nel senso di muoversi molto velocemente, ma sono esse stesse dei processi! L'esistenza della materia e la sua attività non possono essere separate. Non sono che aspetti diversi della stessa realtà spazio-temporale. /203

Ora, come si confronta questo con la visione del mondo buddista? Scrive Capra:

Come i fisici moderni, i buddisti vedono tutti gli oggetti come processi in un flusso universale e negano l'esistenza di qualsiasi sostanza materiale. Questa negazione è una delle peculiarità più caratteristiche di tutte le scuole di filosofia buddista. È anche caratteristica del pensiero cinese, che ha sviluppato una visione simile delle cose come fasi transitorie nel Tao sempre in movimento e si è preoccupato più delle loro interrelazioni che della loro riduzione a una sostanza fondamentale. 'Mentre la filosofia europea tendeva a trovare la realtà nella sostanza,' scrive Joseph Needham, 'la filosofia cinese tendeva a trovarla in relazione.' /204 (Traduzione mia.)

Ricordiamoci che la materia e lo spazio vuoto erano due concetti fondamentalmente distinti su cui si basava l'atomismo di Democrito e Newton.

Tuttavia, nella teoria della relatività questi due concetti non sono più separati.

A livello subatomico, le cose diventano ancora più volatili laddove la teoria classica dei campi e la teoria quantistica devono essere combinate per descrivere le interazioni tra le particelle subatomiche.

CRITICA

Dopo gli elogi che ho per tutti i libri di Capra, vorrei informare il lettore che il *Tao* è stato accolto con una sorta di entusiasmo misto; tra gli scienziati le voci critiche sono state a volte esplicite. È importante capire sia il valore del libro sia il valore di alcune delle critiche che sono state espresse.

Prima di approfondire l'argomento, mi pregherei di non mettere troppo presto in contatto i giovani studenti di scienze con questo libro, perché la comprensione del messaggio di base di Capra è difficile da comprendere per i bambini, che non hanno familiarità con il misticismo. Questo non a causa delle differenze culturali tra Oriente e Occidente, ma perché la mistica è qualcosa che solo una mente matura può comprendere.

Vivendo io stesso nel Sud-Est asiatico da più di vent'anni, posso dire con convinzione che i bambini in Asia non hanno familiarità con la loro tradizione mistica come i bambini occidentali non hanno familiarità con la nostra o la loro, se è per questo.

Richiede un alto livello di capacità di pensiero astratto per mettere a confronto la scienza con il misticismo, indipendentemente dal tipo di tradizioni di cui stiamo parlando. La scienza come ricerca empirica della verità, attraverso la sperimentazione e la falsificazione delle teorie, sembra avere piuttosto poco in comune con il pensiero mistico nella sua focalizzazione piuttosto intuitiva e non empirica sulla realtà. Se è certamente vero che anche lo scienziato più razionale ed empirico usa l'intuizione per progredire nella ricerca—e questo Albert Einstein ne è certamente un esempio lampante—non è scontato paragonare un'intera tradizione scientifica con un'intera tradizione mistica, tanto più entrambe le tradizioni sono cresciute in un terreno culturale molto diverso.

Questa citazione può mostrare quanto possa essere problematico questo punto di partenza, poiché l'autore svela la trappola concettuale:

> La realtà del mistico orientale non può essere identificata con il campo quantistico del fisico perché è vista come l'essenza di tutti i fenomeni di questo mondo e, di conseguenza, è al di là di tutti i concetti e le idee.

Il *campo quantistico*, invece, è un concetto ben definito che rappresenta solo alcuni dei fenomeni fisici.

> Tuttavia, l'intuizione che sta alla base dell'interpretazione del fisico del mondo subatomico, in termini di campo quantistico, è strettamente parallela a quella del mistico orientale che interpreta la sua esperienza del mondo in termini di una realtà ultima sottostante. In seguito all'emergere del concetto di campo, i fisici hanno cercato di unificare i vari campi in un unico campo fondamentale che incorporasse tutti i fenomeni fisici. Einstein, in particolare, ha trascorso gli ultimi anni della sua vita alla ricerca di un campo così unificato.

> Il Brahman degli indù, come il Dharmakaya dei buddisti e il Tao dei taoisti, può essere visto, forse, come l'ultimo campo unificato da cui scaturiscono

non solo i fenomeni studiati in fisica, ma anche tutti gli altri fenomeni. /211 (Traduzione mia.)

Questo è certamente ben detto, ma è quello che è: una proposta che non può essere verificata dalla scienza. È un'affermazione filosofica e non vedo come possa in qualche modo servire da indicatore della realtà scientifica? Capra continua:

> I taoisti attribuiscono al Tao una creatività infinita e senza fine simile a quella del Tao e, ancora una volta, la definiscono vuota. 'Il Tao del cielo è vuoto e senza forma' dice il Kuan-tzu, e Lao Tzu usa diverse metafore per illustrare questo vuoto. Spesso paragona il Tao a una valle vuota, o a un recipiente che è per sempre vuoto e che quindi ha il potenziale di contenere un'infinità di cose. /212 (Traduzione mia.)

Mentre Capra espone il suo punto di vista in modo esauriente e con argomentazioni molto valide, la tesi originale è audace, e da un punto di vista epistemologico è insolito trovare una tradizione scientifica criticata con argomentazioni diverse da quelle scientifiche. La citazione che segue mostra chiaramente che il concetto di campo quantistico come 'definizione a sé stante' può benissimo sopravvivere senza essere informato dalla mistica orientale:

> Con il concetto di campo quantistico, la fisica moderna ha trovato una risposta inaspettata alla vecchia domanda se la materia è costituita da atomi indivisibili o da un continuum sottostante. Il campo è un continuum che è presente ovunque nello spazio, eppure il suo aspetto particellare ha una struttura discontinua e 'granulare.' I due concetti apparentemente contraddittori sono così unificati e considerati solo aspetti diversi della stessa realtà. / 215 (Traduzione mia.)

Nel mio entusiasmo giovanile, quando trent'anni fa leggevo *Il Tao,* non ho messo in discussione questi presupposti, ma oggi mi interrogo su alcuni dei principi di Capra, per esempio la sua affermazione quasi ossessiva dei valori femminili come superiori a quelli maschili, o lo *yin* come più prezioso dello *yang.*

Ma anche se si accetta che la nostra cultura sia di parte in questo senso, le culture dell'Est hanno la loro parte nella dominazione del femminile da parte del maschile, e nella distruzione su larga scala della natura. Non ho trovato una sola vena di pensiero ecologico in Asia in tutti questi vent'anni di vita e di lavoro; praticamente nessuno si prende cura degli alberi qui, per non parlare del resto della natura; gli alberi vengono semplicemente abbattuti per comodità e il legname serve per accendere le stufe o addirittura viene venduto ai paesi vicini.

Mentre i governi sono in procinto di elaborare leggi che servono a proteggere la natura, nessuno sembra farle rispettare, e il loro tenore di 'sostenibilità' non sembra entrare nella mentalità della gente. Di fronte a questa realtà sembra un'ironia prendere le tradizioni mistiche di queste culture per criticare la nostra stessa scienza!

Detto questo, credo che *Il Tao* dovesse apparire all'epoca in cui è stato pubblicato, perché oggi il new-ageismo tipico dell'epoca (gli anni '70) è meno attraente per le persone, se non vedono l'intera tendenza come un'altra moda che alla fine sarà superata e dimenticata.

Questa prossima citazione dimostra ancora una volta che la nostra scienza moderna ha sviluppato il meccanismo per affrontare la realtà in modo sistemico, senza bisogno di aiuti epistemologici e di guida da parte delle tradizioni sapienziali del passato:

L'esplorazione del mondo subatomico nel XX secolo ha rivelato la natura intrinsecamente dinamica della materia. Ha dimostrato che i costituenti degli atomi, le particelle subatomiche, sono modelli dinamici che non esistono come entità isolate, ma come parti integranti di una rete inseparabile di interazioni.

Queste interazioni comportano un flusso incessante di energia che si manifesta come scambio di particelle; un'interazione dinamica in cui le particelle vengono create e distrutte senza fine in una variazione continua di modelli energetici. Le interazioni delle particelle danno origine alle strutture stabili che costruiscono il mondo materiale, che di nuovo non rimangono statiche, ma oscillano in movimenti ritmici. L'intero universo è così impegnato in un movimento e in un'attività senza fine; in una continua danza cosmica di energia. /225 (Traduzione mia.)

Dopo questa osservazione personale, vorrei tracciare breve la critica di uno studio pubblicato in Germania da uno scienziato tedesco, nel 1993. Il titolo tradotto del libro è *Il Nuovo Misticismo: Il Misticismo Orientale e Le Scienze Naturali Moderne nel Pensiero New Age (Würzburg, 1993)*. L'autore H.G. Russ, critica l'opinione di Capra secondo cui la scienza moderna è stata fondata su un sistema di credenze. Egli discute positivamente l'idea di Ken Wilber che la fisica e la mistica non sono modi diversi che portano alla stessa realtà, ma modi che portano a diversi livelli di realtà.

Mentre Capra parla come fisico e discute di fisica nel quadro del misticismo, l'autore avanza argomentazioni che dimostrano che la posizione epistemologica di Capra non è forte. Inoltre, egli sostiene che Capra non ha riconosciuto la differenza tra l'olismo scientifico e l'olismo alla base del pensiero mistico. La citazione successiva mostra davvero un approccio sbagliato:

> Le principali scuole di mistica orientale sono quindi d'accordo con la filosofia del bootstrap ... /292 (Traduzione mia.)

Le scuole di misticismo devono essere d'accordo con una teoria della scienza moderna nota come 'bootstrap?' L'idea stessa è ridicola in primo luogo!

Mentre i mistici hanno tipicamente vissuto la realtà in modo olistico, questo non era il caso, e non poteva essere il caso degli scienziati.

Egli sottolinea inoltre che la teoria dei sistemi non era di per sé un approccio scientifico che potesse essere qualificato come 'olistico.' Infine, egli sostiene che, poiché la scienza non conteneva elementi religiosi, qualsiasi messaggio che confina con la religione non potrebbe mai essere accuratamente derivato da un'indagine scientifica.

Trovo questi argomenti abbastanza validi per essere esaminati ulteriormente; a mio parere non possono essere facilmente cancellati dal tavolo. Si raccomanda quindi di vedere *Il Tao* come un tentativo intuitivo e ben riuscito di portare l'intuizione nel metodo scientifico, come un fattore di equilibrio, ma per questo sarei prudente a decostruire sistematicamente la scienza moderna con le argomentazioni presentate da Capra in questo libro.

CAPITOLO QUATTRO

Politica Verde

Politica Verde

La Promessa Globale

Come i Verdi stanno trasformando la cultura politica dell'Europa
e ispirando un movimento mondiale che può cambiare il corso
del futuro dell'America

Con Charlene Spretnak
Santa Fe, NM: Bear & Company, 1986

Politica Verde mostra Fritjof Capra come un pensatore politico motivato, intuitivo e molto competente. Non credo che tutti i fan di Capra siano interessati a questo libro perché non è sempre una lettura accattivante, data la piccola creatura dei programmi politici, ma per me come ricercatore biografico, questo libro accanto a 'Uncommon Wisdom' rivela molto sullo scienziato Fritjof Capra, quando e come è più di uno scienziato!

Essendo io stesso una persona piuttosto a-politica, ho comprato questo libro solo per averlo incluso qui in questo libro biografico su Fritjof Capra. Non ne sapevo nulla, ed è stato attraverso una corrispondenza con il *Center of Ecoliteracy* di Berkeley, in California, che mi è stato dato il riferimento a questo libro e a quello che esaminerò più avanti nel capitolo 5, 'Appartenere all'Universo.'

Sono grato di aver ricevuto questo consiglio perché se non avessi incluso questi libri qui, l'immagine che il lettore riceve di Fritjof Capra sarebbe a dir poco incompleta!

Ancora una volta, l'apertura e il linguaggio veritiero di Capra convince quando va a rivelare alcuni dettagli davvero brutti sulla società moderna, la militarizzazione della cultura, e il ruolo che il complesso militare-industriale gioca nel finanziare la scienza, e nel non finanziare la scienza che non serve gli interessi della guerra e del conflitto tra le nazioni.

Non conosco nessun altro scienziato che si esprima così apertamente sull'unilateralità dello scopo politico e sul suo obiettivo, spesso velato, di fuorviare senza compromessi gli elettori se non l'intero mondo dei media sulle sue vere motivazioni! Forse, come me, non sarai più a-politico dopo aver letto questo libro?!

Onestamente, nonostante il fatto che ho una formazione di avvocato internazionale e che ho studiato anche politica internazionale, ho sempre creduto che la politica sia quel 'business sporco' di cui è meglio non preoccuparsi. Sbagliato!

Se a gente come me e te non importa della politica, a chi importa? Dovremmo lasciare alle masse non istruite il compito di votare i nostri politici? E anche prima di votare per certi politici, non dovremmo prima di tutto votare i programmi politici? E l'agenda verde è davvero interessante, perché è diversa, più diversa di tutte le altre. Ed è audace sotto molti aspetti, perché senza cambiare alcuni paradigmi di base, questa agenda probabilmente non vedrà mai il suo giorno in parlamento ...

Ora, come ho proceduto nella mia precedente recensione, vi presenterò qui delle citazioni che vi permetteranno di decidere sul libro, senza che io vi annoierò con la parafrasi più e più volte.

CAPITOLO 2

Principi di Una Nuova Politica

I Verdi iniziano il loro programma federale spiegando perché è necessaria una nuova politica:

I partiti dell'Establishment di Bonn si comportano come se un aumento infinito della produzione industriale fosse possibile sul pianeta Terra finito. Secondo le loro stesse dichiarazioni, ci stanno portando a una scelta senza speranza tra lo stato nucleare o la guerra nucleare, tra Harrisburg o Hiroshima. La crisi ecologica mondiale peggiora di giorno in giorno: le risorse naturali diventano sempre più scarse; le discariche di rifiuti chimici sono oggetto di scandalo dopo scandalo; intere specie animali vengono sterminate; intere varietà di piante si estinguono; fiumi e oceani si trasformano lentamente in nebbia; e gli esseri umani sono al limite del decadimento spirituale e intellettuale nel bel mezzo di una società matura, industriale, consumistica. È una triste eredità che stiamo imponendo alle generazioni future.

Rappresentiamo un concetto totale, in contrapposizione alla politica monodimensionale e ancora più produttiva. Le nostre politiche sono guidate da visioni a lungo termine per il futuro e si basano su quattro principi fondamentali: ecologia, responsabilità sociale, democrazia di base e nonviolenza. / 29-30 (Traduzione mia.)

La politica verde, quindi, è intrinsecamente olistica nella teoria e nella pratica. Si basa sul pensiero ecologico, o 'rete,' un termine usato frequentemente dai Verdi. Il pensiero ecologico comprende anche la consapevolezza che le strutture apparentemente rigide che percepiamo nel nostro ambiente sono in realtà manifestazioni di processi sottostanti, del continuo flusso dinamico della natura. L'interrelazione e il processo continuo sono le lezioni che i Verdi prendono e applicano agli ecosistemi che ci circondano. Essi sostengono la produzione di energia 'dolce' (come l'energia solare) che funziona con i cicli del sole, dell'acqua, del vento e del flusso dei fiumi. Richiedono lo sviluppo di tecnologie adeguate che riflettano la nostra interdipendenza con la Terra. Favoriscono un'agricoltura rigenerativa che reintegri il suolo e che incorpori mezzi naturali di disinfestazione. Soprattutto, i Verdi chiedono di fermare la devastazione delle nostre 'risorse' naturali e l'avvelenamento della biosfera attraverso lo scarico di rifiuti tossici, l'accumulo dei cosiddetti livelli accettabili di esposizione alle radiazioni e l'inquinamento dell'aria. /30-31 (Traduzione mia.)

> Sebbene la cultura occidentale sia stata dominata per diverse centinaia di anni da una concettualizzazione del nostro corpo, della politica del corpo e del mondo naturale come aggregati gerarchicamente disposti di componenti discreti, quella visione del mondo sta lasciando il posto alla visione dei sistemi, che è sostenuta dalle scoperte più avanzate della scienza moderna e che è profondamente ecologica. Nelle sue prime fasi, durante gli anni Quaranta, la teoria dei sistemi era strettamente legata allo studio dei meccanismi di controllo e di regolazione delle macchine complesse e dei sistemi elettronici. Nell'ultimo decennio, tuttavia, l'attenzione si è spostata sullo studio dei sistemi viventi: organismi viventi, sistemi sociali ed ecosistemi. La

visione emergente dei sistemi della vita è stata sviluppata da un certo numero di scienziati di varie discipline: Ilya Prigogine, Erich Jantsch, Gregory Bateson, Humberto Maturana e Manfred Eigen, per citarne solo alcuni. /31 (Traduzione mia.)

La visione dei sistemi implica uno sguardo al mondo in termini di relazioni e di integrazione. I sistemi sono grossisti integrati le cui proprietà non possono essere ridotte a quelle di unità più piccole. Mentre per duemila anni la maggior parte della scienza occidentale si è concentrata sulla riduzione del mondo ai suoi elementi fondamentali, l'approccio dei sistemi enfatizza i principi dell'organizzazione. Gli esempi di sistemi viventi abbondano in natura. Ogni organismo—dal più piccolo batterio, attraverso la vasta gamma di piante e animali, fino all'uomo—è un insieme integrato e quindi un sistema vivente. Le cellule sono sistemi viventi, così come i vari tessuti e organi del corpo. Le stesse caratteristiche di integrità sono esibite dai sistemi sociali—come una famiglia o una comunità—e dagli ecosistemi che consistono di una varietà di organismi e di materia inanimata in interazione reciproca. /31 (Traduzione mia.)

CAPITOLO 9

Possibilità Per la Politica Verde in America: 1983

Le radici delle idee verdi nella cultura americana
risalgono alle nostre origini più antiche. Per più di
20,000 anni i nativi americani hanno mantenuto
un senso profondamente ecologico delle forze sot-
tili che legano l'uomo e la natura, sottolineando
sempre il bisogno di equilibrio e di riverenza verso
la Madre Terra. I valori spirituali sono intrinseci alla
loro politica, come lo sono stati per i molti coloni
che sono venuti in questa terra per la protezione
del pluralismo religioso. I Padri Fondatori del nostro governo, che conoscevano il sistema federale
della nazione irochese, hanno creato un federalismo
democratico che riflette i valori condivisi dell'identità nazionale, ma che affida ampi poteri agli Stati e
ai rappresentanti del popolo, che possono bloccare
i disegni dell'autoritarismo federale. La giovane
nazione ha dato vita a una rete di comunità in gran
parte autosufficienti che si sono sviluppate grazie
allo sforzo individuale e alla cooperazione: l'alle-
vamento dei fienili, le api trapuntatrici, le riunioni
di città. Eppure l'autosufficienza e l'autodeterminazione locali alla fine lasciarono il posto al controllo di istituzioni enormi come la burocrazia federale, l'establishment militare, le grandi corporazioni, i grandi sindacati, l'establishment medico,

il sistema educativo, la religione istituzionalizzata e la tecnologia centralizzata. /193-194 (Traduzione mia.)

I movimenti per l'ecologia e la pace hanno scoperto il loro terreno comune, le femministe hanno tenuto conferenze ecofemministe e azioni di pace, e si sono sviluppate innumerevoli reti che lavorano per un cambiamento sociale globale e non violento. La maggior parte di queste persone lavora con un orientamento 'a grandi linee,' piuttosto che con un unico obiettivo: la soluzione dei problemi. Sono tra i quindici milioni di americani adulti che, secondo recenti studi dell'istituto di ricerca SRI International, basano la loro vita in tutto o in parte su valori come la frugalità, la scala umana, l'autodeterminazione, la consapevolezza ecologica e la crescita personale. Inoltre, il movimento per la salute olistica sfida seriamente l'approccio meccanicistico dell'establishment medico. Molte chiese stanno ora reinterpretando la carica scritturale per 'avere il dominio sulla terra,' leggendola come una chiamata all'amministrazione piuttosto che allo sfruttamento, e alcune stanno addirittura andando oltre l'amministrazione verso un'ecologia profonda. Sono stati compiuti numerosi passi positivi verso la realizzazione che la nostra esistenza è parte di una sottile rete di interrelazioni, ma non sono ancora riusciti a creare una manifestazione politica efficace del nuovo paradigma. /195 (Traduzione mia.)

Crediamo sia essenziale che le idee verdi entrino nel dibattito politico americano a tutti i livelli. Attualmente i partiti Democratici e Repubblicani lottano inutilmente per applicare concetti e priorità obsolete e irrilevanti alla nostra crisi emergente. Non sono in grado di rispondere efficacemente a condizioni mutevoli come la fine dell'era dei combustibili fossili e la crescita dell'interdipendenza globale e quindi ci stanno portando verso il disastro. Mentre la qualità della vita in questo paese diminuisce e le difficoltà del Terzo Mondo aumentano, i partiti del vecchio paradigma stanno perdendo credibilità. Ronald Reagan è stato eletto presidente con solo il 28 per cento dei voti ammissibili; la disperazione e la paura dell'apatia hanno portato la maggioranza. Dietro la retorica di entrambi i partiti, è evidente che una delle loro funzioni condivise è quella di rimanere non ideologici, di diffondere il dissenso piuttosto che sostenere un programma coerente. /195-196

Per considerare le possibilità di una politica verde negli Stati Uniti, dovremmo prima di tutto riflettere sulle lezioni della Germania occidentale—con la consapevolezza che la politica verde qui, come in altri paesi, deve crescere dalla nostra tradizione cul-

turale e politica e dalla nostra situazione attuale. /
196 (Traduzione mia.)

Una volta che [i Verdi] si sono aggiudicati i seggi negli organi legislativi, gran parte della loro attenzione si è spostata dalle risposte in evoluzione e dalle posizioni globali alle lotte di potere interne e ai dibattiti in corso sulla strategia legislativa. /196 (Traduzione mia.)

CAPITOLO 10

La Politica Verde Negli Stati Uniti: 1986

DIECI VALORE CHIAVE

1. Saggezza Ecologica

Come possiamo far funzionare le società umane con la consapevolezza di essere parte della natura, e non sopra di essa? Come possiamo vivere entro i limiti ecologici e delle risorse del pianeta, applicando le nostre conoscenze tecnologiche alla sfida di un'economia efficiente dal punto di vista energetico? Come possiamo costruire un rapporto migliore tra città e campagna? Come garantire i diritti delle specie non umane? Come promuovere un'agricoltura sostenibile e il rispetto dei sistemi naturali che si autoregolano? Come possiamo promuovere

la saggezza biocentrica in tutte le sfere della vita? /
230 (Traduzione mia.)

2. Democrazia Grassroots

Come possiamo sviluppare sistemi che ci permettano e ci incoraggino a controllare le decisioni che
influenzano la nostra vita? Come possiamo garantire che i rappresentanti siano pienamente responsabili nei confronti delle persone che li hanno eletti?
Come possiamo sviluppare meccanismi di pianifi-
cazione che consentano ai cittadini di sviluppare e
attuare le loro preferenze per le politiche e le priorità di spesa? Come possiamo incoraggiare e assis-
tere le 'istituzioni di mediazione'—la famiglia, l'organizzazione di quartiere, il gruppo della chiesa,
l'associazione di volontariato, l'associazione di
volontariato, i club etnici—a coprire alcune delle
funzioni che ora vengono svolte dal governo? Come
possiamo riapprendere le migliori intuizioni delle
tradizioni americane di vitalità civica, azione volon-
taria e responsabilità della comunità? /230
(Traduzione mia.)

3. Responsabilità Personale e Sociale

Come possiamo rispondere alla sofferenza umana
in modi che promuovano la dignità? Come possiamo incoraggiare le persone a impegnarsi in stili di
vita che promuovano la propria salute? Come pos-

siamo avere un sistema educativo controllato dalla comunità che insegni efficacemente ai nostri figli le capacità accademiche, la saggezza ecologica, la responsabilità sociale e la crescita personale? Come possiamo risolvere i conflitti interpersonali e intergruppi senza affidarli ad avvocati e giudici? Come possiamo assumerci la responsabilità di ridurre il tasso di criminalità nei nostri quartieri? Come possiamo incoraggiare valori come la semplicità e la moderazione? /230-231

4. Nonviolenza

Come possiamo, come società, sviluppare alternative efficaci ai nostri attuali modelli di violenza, a tutti i livelli, dalla famiglia e dalla strada alle nazioni e al mondo? Come possiamo eliminare le armi nucleari dalla faccia della Terra senza conoscere le intenzioni degli altri governi? Come possiamo usare in modo più costruttivo metodi non violenti per contrastare pratiche e politiche con le quali non siamo d'accordo e nel processo ridurre l'atmosfera di polarizzazione e di egoismo che è di per sé fonte di violenza? /231 (Traduzione mia.)

5. Decentralizzazione

Come possiamo restituire potere e responsabilità agli individui, alle istituzioni, alle comunità e alle regioni? Come possiamo incoraggiare il fiorire di una cultura regionale piuttosto che di una mono-cultura dominante? Come possiamo avere una soci-età decentralizzata e democratica con le nostre isti-tuzioni politiche, economiche e sociali che localiz-zano il potere su scala più piccola (la più vicina a casa), efficiente e pratica? Come possiamo ridise-gnare le nostre istituzioni in modo che vengano con-cesse meno decisioni e meno regole sul denaro man mano che ci si sposta dalla comunità verso il livello nazionale? Come possiamo conciliare il bisogno di autodeterminazione comunitaria e regionale con la necessità di un'adeguata regolamentazione central-izzata in alcune questioni? /231 (Traduzione mia.)

6. Economia di Comunità

Come possiamo riprogettare le nostre strutture di lavoro per incoraggiare la partecipazione dei dipendenti e la democrazia sul posto di lavoro? Come possiamo sviluppare nuove attività eco-nomiche e istituzioni che ci permettano di utiliz-zare le nostre nuove tecnologie in modo umano, libero, ecologico, responsabile e reattivo alle comu-nità? Come possiamo stabilire una qualche forma di sicurezza economica di base, aperta a tutti? Come possiamo andare oltre la stretta 'etica del lavoro' per arrivare a nuove definizioni di 'lavoro,' e 'reddito' che riflettano l'economia che cambia? Come possi-amo ristrutturare i nostri modelli di distribuzione del reddito per riflettere la ricchezza creata da coloro che sono al di fuori dell'economia formale e monetaria: coloro che si assumono la responsabilità della genitorialità, della gestione della casa, degli orti domestici, del lavoro volontario della comunità, ecc. Come possiamo limitare le dimensioni e il potere concentrato delle imprese senza scoraggiare l'efficienza superiore o l'innovazione tecnologica? / 231-232 (Traduzione mia.)

7. Valori Post-Patriarcali

Come possiamo sostituire l'etica culturale del dominio e del controllo con modalità di interazione più cooperative? Come possiamo incoraggiare le persone a prendersi cura di persone al di fuori del proprio gruppo? Come possiamo promuovere la costruzione di relazioni rispettose, positive e responsabili al di là delle divisioni di genere e di altre divisioni? Come possiamo incoraggiare una cultura politica ricca e diversificata che rispetti i sentimenti e gli approcci relazionali? Come possiamo procedere con tanto rispetto per i mezzi quanto per il fine (il processo quanto i prodotti dei nostri sforzi)? Come possiamo imparare a rispettare la parte contemplativa, interiore della vita tanto quanto le attività esterne? /232 (Traduzione mia.)

8. Rispetto della Diversità

Come possiamo onorare la diversità culturale, etnica, razziale, sessuale, religiosa e spirituale nel contesto della responsabilità individuale verso tutti gli esseri? Pur onorando la diversità, come possiamo rivendicare i migliori ideali condivisi del nostro paese: la dignità dell'individuo, la partecipazione democratica, la libertà e la giustizia per tutti? /232 (Traduzione mia.)

9. Responsabilità Globale

Come possiamo essere di reale aiuto ai gruppi di base nel Terzo Mondo? Cosa possiamo imparare da questi gruppi? Come possiamo aiutare altri paesi a compiere la transizione verso l'autosufficienza alimentare e altri beni di prima necessità? Come possiamo tagliare il nostro budget per la difesa mantenendo una difesa adeguata? Come possiamo promuovere questi dieci valori verdi nel rimodellamento dell'ordine globale? Come possiamo rimodellare l'ordine mondiale senza creare solo un altro enorme Stato-nazione? /232-233 (Traduzione mia.)

10. Focus Futuro

Come possiamo indurre le persone e le istituzioni a pensare in termini di futuro a lungo termine, e non solo in termini di interesse egoistico a breve termine? Come possiamo incoraggiare le persone a sviluppare le proprie visioni del futuro e a muoversi più efficacemente verso di loro? Come possiamo giudicare se le nuove tecnologie sono socialmente utili e usare questi giudizi per plasmare la nostra società? Come possiamo indurre il nostro governo e le altre istituzioni a praticare la responsabilità fiscale? Come possiamo fare della qualità della vita, piuttosto che della crescita economica aperta, il fulcro del pensiero futuro? /233

CAPITOLO CINQUE

Appartenendo all'Universo

Appartenendo all'Universo

Esplorazioni alle Frontiere della Scienza e della Spiritualità

Fritjof Capra & David Steindl-Rast

Con Thomas Matus
San Francisco: Harper & Row, 1991

Questo libro molto interessante è difficile da recensire perché è una conversazione registrata tra due teologi e uno scienziato. Ancora una volta, questo evento e il libro che ne è scaturito riflettono l'apertura mentale di Capra e il suo interesse ad esplorare aree in cui non è un esperto, ma è desideroso di coinvolgere nel dialogo coloro che ne sanno di più. Per quanto riguarda questo libro, il risultato dell'idea è ancora una volta convincente.

Anche se questo libro non è di facile lettura per la discussione è altamente filosofico, eppure a volte tecnico e si preoccupa di chiarire la terminologia, non richiede una particolare conoscenza della teologia.

Ciò che mi ha stupito in particolare è stato l'alto livello di sinergia e di risonanza umana tra i tre uomini, il che è certamente straordinario perché non capita tutti i giorni che gli scienziati discutano con i teologi le frontiere sia della scienza che della teologia.

Il libro inizia con un'Anteprima, un'idea eccellente, ancora prima dell'Introduzione. Qui ci sono due colonne su 5 pagine che riflettono dettagli che cambiano i paradigmi della scienza e della teologia.

Permettetemi di citare qui le sottovoci. L'intestazione generale è: *New-Paradigm Thinking in Science* di Fritjof Capra contro *New Paradigm Thinking in Theology*, parafrasi di Thomas Matus e David Steindl-Rast.

1. Spostamento dalla Parte al Tutto contro lo Spostamento da Dio come Rivelatore della Verità alla Realtà come Rivelazione di Dio;

2. Spostamento dalla struttura al processo contro lo spostamento dalla rivelazione come verità senza tempo alla rivelazione come manifestazione storica;

3. Spostamento dalla scienza oggettiva alla 'scienza epistemica' vs. Spostamento dalla teologia come scienza oggettiva alla teologia come processo di conoscenza;

4. Spostamento da Edificio a Rete come Metafora della Conoscenza vs. Spostamento da Edificio a Rete come Metafora della Conoscenza;

5. Spostamento da Verità a Descrizioni Approssimative vs. Spostamento da Dichiarazioni Teologiche a Misteri Divini.

Il libro è uno sforzo altamente collaborativo. Anche, e questo è insolito, l'Introduzione non è scritta da un editore, ma fa già parte della discussione e procede in dialogo.

Poiché considero molto difficile parafrasare qualcosa della discussione, ho scelto di fornire al lettore due punti piuttosto interessanti come esempi della natura dell'intera discussione. Penso che siano abbastanza illustrativi a tal fine.

3 PARADIGMI DELLA SCIENZA E DELLA TEOLOGIA (PP. 33-39)

Paradigmi nella Scienza e nella Società

Fritjof: Abbiamo parlato degli scopi e dei metodi della scienza e della teologia. Ora vorrei introdurre una prospettiva storica e parlare di come si sviluppano le teorie scientifiche e di come la conoscenza si accumula nella scienza. Come sapete, fino a poco tempo fa si credeva che ci fosse un costante accumulo di conoscenza; che le teorie diventassero gradualmente sempre più complete e sempre più accurate.

Thomas Kuhn ha introdotto l'idea dei paradigmi e dei cambiamenti di paradigma, che dice che ci sono questi periodi di accumulazione costante, che lui chiama scienza normale, ma poi ci sono periodi di rivoluzioni scientifiche in cui il paradigma cambia. Un paradigma scientifico, secondo Kuhn, è una costellazione di conquiste—cioè di concetti, valori, tecniche e così via—condivise da una comunità scientifica e usate da questa comunità per definire problemi e soluzioni legittime.

Ciò significa che dietro la teoria scientifica c'è un certo quadro di riferimento all'interno del quale la scienza viene perseguita. Ed è importante notare che questo quadro di riferimento non comprende solo concetti, ma anche valori e tecniche. Quindi l'attività di fare scienza fa parte del paradigma. L'atteggiamento di dominio e controllo, per esempio, fa parte di un paradigma scientifico. /33-34 (Traduzione mia.)

David: Direbbe che fa parte del paradigma? O è una forza che condiziona il paradigma? /34

Fritjof: Fa parte del paradigma, perché fa parte dei valori alla base delle teorie scientifiche. I valori fanno parte del paradigma. Quindi un paradigma per Kuhn e per me è più di una visione del mondo, più di un quadro concettuale, perché include valori e attività. Per rendere questo più chiaro, lasciate che vi mostri come ho ampliato questo, seguendo Marilyn Ferguson e Willis Harman e altre persone che hanno spesso usato il 'paradigma' in un senso più ampio. Ho preso la definizione kuhniana e l'ho allargata a quella di paradigma sociale.

Un paradigma sociale, per me, è una costellazione di concetti, valori, percezioni e pratiche, condivisi da una comunità che forma una particolare visione della realtà che è alla base del modo in cui la comunità si organizza. È necessario che un paradigma sia condiviso da una comunità. Una singola persona può avere una visione del mondo, ma un paradigma è condiviso da una comunità. / 34 (Traduzione mia.)

David: E perché parla solo di organizzazioni comunitarie e non di tutta la vita della comunità? Perché si concentra solo sull'organizzazione? Perché non sui valori? /34 (Traduzione mia.)

Fritjof: Non ho esplorato la differenza tra paradigma e cultura. Si potrebbe dire che la base di tutta la vita è la cultura. Le due cose sono strettamente correlate, ma non mi sono addentrato in questo. /35 (Traduzione mia).

Ora Kuhn, naturalmente, usa il termine in senso stretto, e all'interno della scienza parla di diversi paradigmi. Io lo uso in senso molto ampio, il tipo di paradigma generale che sta alla base dell'organizzazione di una certa società o dell'organizzazione della scienza in una certa comunità scientifica. /35 (Traduzione mia.)

David: Ho chiesto dei valori perché pensavo che tu stessi ancora parlando di un cambiamento di paradigma all'interno di una particolare scienza. Lì i valori sarebbero ovviamente impliciti, per niente espliciti. /35 (Traduzione mia.)

Fritjof: L'intera nozione di paradigma è implicita nei periodi della scienza normale, ed è molto difficile delineare il paradigma e mostrare dove sono i limiti, dove sono i suoi confini. È solo nei periodi in cui il paradigma cambia che si vedono i suoi limiti, e, di fatto, cambia a causa di questi limiti. Kuhn ha scritto molto ampiamente su questo. Quando ci sono problemi, che lui chiama anomalie, che non possono più essere risolti all'interno del paradigma dominante, questi cambiamenti si verificano. E naturalmente ci vuole un po' di tem-

po prima che questi problemi costringano effettivamente le persone a cambiare.

In fisica, per esempio, il più recente cambiamento di paradigma è iniziato negli anni '20,
quando vari problemi legati alla struttura atomica
non potevano essere risolti in termini di scienza
newtoniana. E quello che dico nel mio libro *Il Punto di Svolta* è che ora ci troviamo in una situazione
sociale in cui il paradigma sociale ha raggiunto i
suoi limiti. Questi limiti sono la minaccia della
guerra nucleare, la devastazione del nostro ambiente naturale, la persistenza della povertà nel
mondo, tutti problemi molto gravi che non possono più essere risolti nel vecchio paradigma.

Kuhn, tra l'altro, parla di un periodo pre-para-
digmatico in cui ci sono opinioni contrastanti. Una
di esse diventerà poi il paradigma dominante, condiviso dalla comunità scientifica. Nella società o,
diciamo, nella famiglia umana, questo è diverso,
perché abbiamo diversi paradigmi sociali coesistenti. Il paradigma sociale islamico è diverso da
quello giapponese o americano. Quindi lo stesso
gruppo di fenomeni come l'economia, la politica e

la vita sociale sarà inteso in termini di diversi paradigmi coesistenti. /35 (Traduzione mia).

David: Può spiegare perché paradigmi diversi possono coesistere in un contesto sociale e non nella scienza? /35 (Traduzione mia).

Fritjof: Ci potrebbero essere diversi paradigmi coesistenti anche nella scienza, e c'è n'erano in passato, ma non dall'ascesa della scienza europea nel XVII secolo. Ovunque la gente faccia oggi la scienza, nel senso moderno del termine, la farebbe secondo il paradigma europeo, che si tratti del Giappone, della Cina o dell'Africa. Molti scienziati dicono di aver subito il lavaggio del cervello per farlo. Potrebbero fare la scienza secondo un altro paradigma, ma non è così. C'è una certa colonizzazione degli scienziati da parte della scienza europea e americana. Ora è l'America, ma le radici, ovviamente, sono nella scienza europea. Mentre nelle questioni sociali, non c'è solo tanta dominanza di un unico paradigma. Culture diverse coesistono. Nella scienza non troviamo la coesistenza di culture diverse; c'è fondamentalmente un'unica cultura scientifica. /36 (Traduzione mia).

David: Quello che hai appena detto è davvero molto importante, eppure spesso passa inosservato il fatto che anche nella scienza sarebbe possibile avere paradigmi diversi uno accanto all'altro. È quasi un caso che ci sia un unico paradigma scientifico, a causa del colonialismo della scienza occidentale. Non è necessario che sia così. Lei ha detto che gli scienziati potrebbero fare scienza in un paradigma diverso. Questo è importante. Tuttavia, la gente spesso dice: 'Beh, questa è solo la forza della scienza, cioè l'unificazione.' Nella scienza non ci possono essere contraddizioni. La scienza è la base di tutta la verità,' e così via. /36 (Traduzione mia).

Fritjof: Ma vedete, la scienza è perseguita all'interno del paradigma più ampio. Così, per esempio, se due gruppi scientifici lavorassero al progetto dell'Iniziativa di Difesa Strategica (SDI), otterrebbero risultati molto simili. Costruirebbero raggi laser per l'uso nello spazio, stazioni spaziali, satelliti assassini e così via. Anche se i risultati sarebbero in qualche modo diversi, come avviene nella scienza quando viene fatto in paesi diversi, si giungerebbe più o meno alle stesse conclusioni. Ma si potrebbe facilmente immaginare che in una cultura sarebbe assolutamente fuori discussione anche lavorare su un progetto del genere, perché i valori sarebbero diversi. /36 (Traduzione mia).

David: Questo è ciò che voglio sottolineare, la connessione tra il paradigma sociale e quello scientifico: in quale tipo di società viviamo determina il tipo di scienza che avremo. /36 (Traduzione mia).

Fritjof: Sì, il paradigma scientifico è incorporato nel paradigma sociale. /36 (Traduzione mia).

David: Molto più di quanto la gente si renda conto. Ora, lasciate che vi chieda un'altra cosa. Sono stato a lungo affascinato dal concetto di etere. L'etere ha avuto un ruolo così importante nella storia della scienza almeno fino alla fine del XIX secolo. Ora è stato completamente abbandonato. Che cosa è successo? Perché era necessario, e perché non lo è più? Forse possiamo trovare qui un parallelo con certi concetti teologici che un tempo sembravano urgentemente necessari e che ora non lo sono più. Questo sembra essere un fenomeno tipico in tempi di cambiamenti di paradigma. /37 (Traduzione mia).

Fritjof: Sì, è così. Questo fenomeno di concetti che sono necessari durante un certo tempo e poi non sono più necessari si ripete sempre più nella scienza. Noi gilda modelli e poi li scartiamo, perché abbiamo modelli migliori. Poi finalmente abbiamo una teoria completa che non viene scartata. Sarà sostituita da teorie migliori, ma sarà comunque valida nel suo campo di applicazione.

Tra i concetti scientifici che sono stati scartati allora è stato adottato un nuovo modello, l'etere è forse il più famoso, e giustamente, perché lo spostamento della percezione che ci ha permesso di scartare il concetto di etere segna l'inizio della fisica del XX secolo.

È un argomento affascinante. Inizia con la questione della natura della luce, ed è un'illustrazione molto potente del fatto che tale natura della luce, ed è un'illustrazione molto potente del fatto che un'esperienza quotidiana come la luce del sole che raggiunge la Terra è qualcosa che va oltre i nostri poteri di immaginazione. Non abbiamo modo di immaginare come la luce del sole raggiunga la Terra. Anche se la gente normalmente non ne è consapevole, questa domanda è stata posta agli scienziati della fisica moderna.

Nel XIX secolo, Michael Faraday e Clerk Maxwell svilupparono una teoria completa dell'elettromagnetismo, che culminò nella scoperta che la luce consiste nell'alternanza rapida di campi elettrici e magnetici che viaggiano nello spazio sotto forma di onde. Questi campi sono entità non meccaniche e le equazioni di Maxwell, che descrivono il loro esatto comportamento, sono state la prima teoria che è andata oltre la meccanica newtoniana. Quello fu il grande trionfo della fisica del XIX secolo.

Tuttavia, quando Maxwell fece la sua scoperta, si trovò immediatamente di fronte a un problema. Se la luce è costituita da onde elettromagnetiche, come possono queste onde viaggiare nello spazio vuoto? Sappiamo per esperienza e per la teoria delle onde che ogni onda ha bisogno di un mezzo. Un'onda d'acqua ha bisogno dell'acqua che viene disturbata e poi si muove su e giù al suo passaggio. Un'onda sonora ha bisogno delle particelle d'aria, che vibrano al suo passaggio. Senza aria o qualche altra sostanza materiale, non c'è suono. Ma le onde luminose viaggiano attraverso lo spazio vuoto, dove non c'è un mezzo per trasmettere le vibrazioni. Cosa vibra in un'onda luminosa?

Questo è ciò che ha portato gli scienziati a inventare l'etere. Hanno detto: 'Non c'è aria, ma c'è un mezzo invisibile, chiamato etere, in cui viaggiano le onde luminose.' Questo etere doveva avere proprietà di fantasia. Per esempio, doveva essere una sostanza senza peso e perfettamente elastica. Vedete, quando le onde dell'acqua viaggiano, diminuiscono a causa dell'attrito, ma le onde luminose no. Quindi l'etere doveva essere perfettamente elastico senza alcun attrito. Gli scienziati all'inizio del ventesimo secolo non riuscivano ad abbandonare la nozione di etere, nonostante le sue strane proprietà, perché questa immagine meccanicistica di un'onda che ha bisogno di un mezzo era così saldamente radicata nella loro mente.

Ci è voluto un Einstein per dire che non c'era etere, che la luce è un fenomeno fisico a sé stante, che non ha bisogno di un mezzo. Non ha bisogno di un mezzo, ha detto Einstein, perché si manifesta non solo come onde ma anche come particelle, che possono viaggiare attraverso lo spazio vuoto. Egli ha chiamato quelle particelle di quanti di luce, che hanno dato il nome alla teoria dei quanti, la teoria dei fenomeni atomici.

La lotta con la domanda, in che senso esattamente è un quantico di luce, una particella e in che senso è un'onda? È la storia della teoria quantistica, che attraversa i primi tre decenni del secolo. Alla fine di quel periodo entusiasmante, i fisici hanno capito che le onde luminose sono in realtà 'onde di probabilità,' cioè modelli matematici astratti che danno la probabilità di trovare una particella di luce (che oggi chiamiamo *fotone*) in un luogo particolare quando la si cerca. Questi modelli di probabilità sono modelli di onde che viaggiano attraverso lo spazio vuoto. Quindi, senza entrare in ulteriori dettagli, la fine della storia è che la luce è sia particelle che onde, e l'etere non è più necessario. / 37-38 (Traduzione mia).

David: Così in fisica una volta avevamo un concetto che sembrava assolutamente indispensabile, e poi è caduto. Credo che ci siano dei paralleli a questo fenomeno in teologia. /38 (Traduzione mia).

Thomas: L'esempio classico di una dottrina inutile all'interno del comune pensiero teologico cristiano è l'universo geocentrico. Per sostenere la veridicità della Bibbia, i teologi medievali hanno ritenuto necessario porre una Terra immobile al centro di un cosmo in movimento. Durante il Rinascimento, Copernico e altri elaborarono un'altra teoria: che la Terra non è il centro, ma si muove intorno al sole. Galileo sostenne la tesi copernicana. Allo stesso tempo, però, Galileo era un cattolico ardente che desiderava rimanere in piena comunione con la Chiesa cristiana. Non era poco sofisticato in teologia. Aveva letto la Bibbia e sentiva il bisogno di spiegare il rapporto tra scienza e teologia, o meglio, tra linguaggio scientifico e linguaggio biblico. /38-39 (Traduzione mia).

Fritjof: Qual era il problema teologico? /39 (Traduzione mia).

Thomas: I teologi credevano che, poiché la Bibbia diceva: 'Il sole si è fermato,' per esempio, era necessario, per non mettere in dubbio la verità delle Sacre Scritture, supporre che il sole si muovesse intorno alla Terra. /39 (Traduzione mia).

David: Si è scambiato il linguaggio poetico per reportage scientifico. /39 (Traduzione mia).

Thomas: Galileo disse che questo versetto della Bibbia, 'Il sole si è fermato,' era una dichiarazione religiosa. Il linguaggio che usa è il linguaggio della gente comune; si rivolge alle masse, mentre la scienza è per le persone che parlano un linguaggio diverso, più sofisticato, il linguaggio della matematica. Lo scopo della scienza non è quello di soddisfare le esigenze religiose della gente, ma di acquisire la conoscenza dell'universo e di costruire il grande edificio della conoscenza empirica. Questa affermazione, con maggiore raffinatezza, è un'affermazione che qualsiasi studioso biblico farebbe oggi. /39 (Traduzione mia).

Fritjof: Qual era il concetto che non era più necessario? /39 (Traduzione mia).

Thomas: Il concetto che non era più necessario era quello della Terra immobile. Alla fine i teologi sono giunti alla conclusione che la Bibbia non era un libro di testo scientifico, una fonte di risposte alle nostre domande sull'universo fisico. /39 (Traduzione mia).

Fritjof: Si potrebbe dire che la Bibbia parla in termini di metafore e modelli come facciamo noi nella scienza? Le metafore della Bibbia puntano alla verità religiosa, ma non sono la piena verità. Quindi la metafora non deve essere confusa con la verità verso la quale la metafora punta. /39 (Traduzione mia).

NUOVO PENSIERO E NUOVI VALORI (PP. 73-77)

Fritjof: Vorrei anche mostrarvi uno schema impressionante e in qualche modo sorprendente del cambiamento di paradigma, una connessione tra pensiero e valori. Si scopre che il vecchio pensiero e i vecchi valori sono strettamente intrecciati. E di conseguenza il nuovo pensiero e i nuovi valori sono strettamente intrecciati.

In entrambi i casi, pensiero e valori, c'è uno spostamento di enfasi dall'autoaffermazione all'integrazione. Questo è il modo migliore che ho trovato per caratterizzare questi gruppi di modi di pensare e di valori.

Nel pensiero, lo spostamento è stato dal razionale all'intuitivo. Il pensiero razionale consiste nel compartimentare, distinguere, categorizzare. Questo è molto connesso con l'intera nozione di sé come categoria distinta, quindi è chiaramente auto-affermativo. L'analisi è questo metodo di dis-

tinzione e categorizzazione, e c'è stato uno spostamento dall'analisi alla sintesi; uno spostamento dal
riduzionismo all'olismo, dal pensiero lineare al
pensiero non lineare.

Per quanto riguarda i valori, c'è stato uno
spostamento dalla competizione alla cooperazione
—molto chiaramente uno spostamento dall'autoaffermazione all'integrazione; dall'espansione alla
conservazione; dalla quantità alla qualità; dal dominio alla partnership (come ha sottolineato Riane
Eisler).

Ora, se si guarda a tutto questo dal punto di
vista dei sistemi, dal punto di vista dei sistemi
viventi, ci si rende conto che, poiché tutti i sistemi
viventi sono incorporati in sistemi più grandi,
hanno questa duplice natura che Arthur Koestler
ha chiamato natura giano. Da un lato, un sistema
vivente è un insieme integrato con la propria individualità, e ha la tendenza ad affermarsi e a preser-
vare la propria individualità. Come parte del più
grande insieme, ha bisogno di integrarsi in quel-
l'insieme più grande. È molto importante rendersi
conto che si tratta di tendenze opposte e contraddittorie. Abbiamo bisogno di un equilibrio dinami-

co tra di esse, e questo è essenziale per la salute fisica e mentale. I cinesi l'hanno capito con grande potenza intuitiva. Per avere una vita sana bisogna affermarsi e bisogna integrarsi.

Penso che culturalmente e socialmente si possa dire che il pendolo ha oscillato tra queste due tendenze. Per esempio, il Medioevo è stato caratterizzato da una grande integrazione ma anche da una mancanza di autoaffermazione. /73-74 (Traduzione mia).

David: Enfasi eccessiva sull'integrazione. /74 (Traduzione mia).

Fritjof: Ma poi con il Rinascimento, si ha l'emergere dell'individualità. Poi è andato oltre nell'Ottocento, e più tardi, soprattutto qui in America, si ha un'enfasi eccessiva sull'individualità: l'etica del cowboy, l'individualismo aspro e così via.

L'emergere dell'individualità ha dato origine all'individualismo in tutto il mondo occidentale, ma si è avuto il socialismo come controtendenza. Questo si è poi spinto troppo oltre nei paesi socialisti, che ora cercano un equilibrio. Umanesimo, naturalmente, è la parola chiave per l'emergere dell'individualità. E così Gorbachov e diversi filosofi marxisti prima di lui hanno parlato di 'nuovo umanesimo.' A Praga, nel 1968, Dubcek introdusse un 'socialismo dal volto umano.' Allo stesso modo, E.F. Schumacher parlava della tecnologia con un volto umano, perché la tecnologia era diventata così opprimente.

Ho preso questa interazione tra queste tendenze, l'autoaffermazione e l'integrazione, come il mio quadro di riferimento per parlare di valori nella società contemporanea, dove si può vedere costantemente un'enfasi eccessiva sull'autoaffermazione e la trascuratezza dell'integrazione.

L'altro importante collegamento è quello con il sistema di valori patriarcali, perché i valori e i modi di pensare autoaffermativi sono quelli maschili. Se questo sia biologico o culturale è una questione molto delicata, e non voglio entrare nel merito. Ma nella maggior parte delle culture, e certamente nella nostra cultura, i modi di pensare autoaffermativi e i valori autoaffermativi sono stati associati agli uomini, alla virilità, e hanno ricevuto il potere politico. /74-75 (Traduzione mia).

Thomas: Direbbe che, come modi di conoscere, le teorie associate all'autoaffermazione danno risultati diversi da quelli associati all'integrazione? In altre parole, si arriva a un diverso contenuto di conoscenza, a seconda del modo di pensare che si utilizza. Se si usa la modalità razionale-analitico-riduttivo-riducente-lineare, si imparano alcune cose sulla natura ma non altre. Se invece si usa la modalità intuitivo-sintetico-olistico-non lineare, si imparano altre cose. /75 (Traduzione mia).

Fritjof: Sì, ma devi anche renderti conto che non puoi usarne solo uno. Nella scienza servono sempre entrambi. /75 (Traduzione mia).

David: Non c'è un altro termine che si potrebbe usare più che razionale per indicare l'opposto polare dell'intuitivo? /75 (Traduzione mia).

Thomas: Penso che la cosa più vicina sarebbe il tipo di conoscenza concettuale e non concettuale. C'è anche una concettualizzazione intuitiva, ma i concetti si formano più spesso attraverso un processo razionale, come frutto di un ragionamento deduttivo. /75 (Traduzione mia).

David: Sono molto sensibile a un pericolo implicito nell'esprimerlo in questo modo; cioè, che tu equipari l'intuitivo all'irrazionale, e questo sarebbe terribilmente sbagliato. /76 (Traduzione mia).

Fritjof: Lasciate che vi dica cosa intendo senza usare nessuno di questi termini, e ci inventeremo qualcosa. La modalità autoaffermativa è un modo di pensare che categorizza, che divide, che fa a pezzi, che delinea. L'altro è un modo di percepire schemi non lineari, una sintesi di uno schema non lineare. L'intuizione, per me, è una percezione immediata del tutto, di una gestalt. /76 (Traduzione mia).

David: La stessa parola intuizione significa che si 'guarda dentro.' Lo sguardo è così profondo che si vede una coerenza interiore. /76 (Traduzione mia).

Fritjof: No, non lo chiamerei razionale, perché non posso parlarne. Per me razionale è quello di cui si può parlare. /76 (Traduzione mia).

Thomas: Allora forse dovresti chiamarlo non razionale ma discorsivo. /76 (Traduzione mia.)

David: ... discorsivo e intuitivo, sono un bel paio di termini opposti! Ora sono soddisfatto. Poniamoci la domanda: C'è un generale spostamento del pensiero e dei valori dall'autoaffermazione all'integrazione anche in teologia? La mia risposta intuitiva è Sì! Empaticamente sì. Vediamo se qualche analisi dimostrerà che questa intuizione è corretta. /76 (Traduzione mia).

Thomas: Credo che, da diversi punti di vista, questo possa essere confermato nella discussione teologica contemporanea. Da un lato, la spinta apologetica e polemica della teologia più Positivo-Scolastica tende a suggerire la modalità autoaffermativa. Mentre l'orientamento ecumenico della maggior parte della teologia contemporanea o del nuovo paradigma suggerisce l'integrativo. In altre parole, la vera fedeltà alla propria tradizione richiede una comprensione piena e aperta delle altre tradizioni. /76 (Traduzione mia).

David: Inoltre, più specificamente, c'è questo passaggio dalle proposizioni teologiche alla narrazione. In origine tutte le intuizioni teologiche erano storie prima di diventare proposizioni. Perché non le trasformiamo di nuovo in storie? Molti oggi si pongono questa domanda. Questo significa passare dal discorsivo all'intuitivo, la storia è intuitiva; dall'analitico al sintetico; la storia è sintetica; dal riduttivo all'olistico, perché la storia è un tutto, superiore alla somma delle sue parti. /76-77 (Traduzione mia).

Thomas: Naturalmente, non si vuole limitare al genere letterario narrativo. Si potrebbe anche dire che c'è uno spostamento dal propositivo al poetico o metaforico. /77 (Traduzione mia).

David: Sì, o dall'astratto all'esperienziale. Tutto questo si adatta. /77 (Traduzione mia).

Fritjof: La storia raccontata, tra l'altro, è stata la modalità preferita di Gregory Bateson, che è stato una delle figure chiave nello sviluppo del pensiero dei sistemi. Nella sua presentazione Bateson era essenzialmente un narratore. Il suo modo di mostrare la connessione di vari modelli era attraverso una storia. /77

CHAPTER SIX

The Turning Point

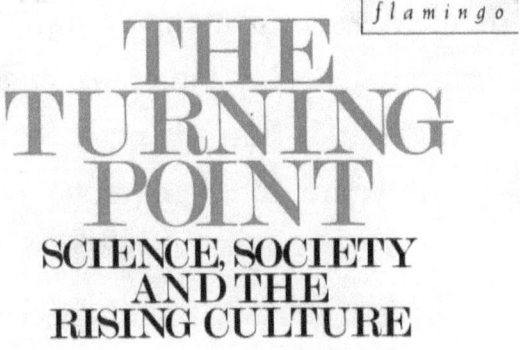

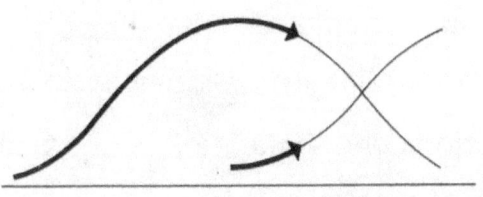

The Turning Point

Science, Society and the Rising Culture
New York: Simon & Schuster (Flamingo), 1987

Original author copyright 1982

A mio parere, e contrariamente a quanto affermano la maggior parte dei critici, è meno il *Tao della Fisica* il vero colpo di genio di Capra, ma il presente libro a causa dell'estrapolazione del concetto di scienza olistica sviluppato nel *Tao* sull'intero sistema di valori della cultura internazionale postmoderna, suggerendo così alla nostra cultura di adottare e sviluppare un intero nuovo insieme di valori.

Solo un pensatore che sia allo stesso tempo logicamente molto preciso, molto consapevole della storia della scienza, e che abbia una percezione metarazionale e integrata della vita e dell'universo potrebbe fare un lavoro così gigantesco.

La citazione che segue mostra la direzione generale che Capra ha preso dal momento in cui ha scritto questo libro, e che sarà particolarmente presente nei suoi due libri successivi. È stata chiamata la visione dei sistemi; è semplicemente un solido paradigma di scienza olistica che può essere praticamente applicato a tutta la ricerca scientifica, e che promette di portare a risultati scientifici, sociali e successivamente politici conformi alla dignità umana, favorendo l'espansione della coscienza umana e l'evoluzione.

> Questi problemi (...) sono problemi sistemici, il che significa che sono strettamente interconnessi e interdipendenti. Non possono essere compresi all'interno della frammentata metodologia caratteristica delle nostre discipline accademiche e delle agenzie governative. Un tale approccio non risolverà mai nessuna delle nostre difficoltà, ma si limiterà a spostarle nella complessa rete di relazioni sociali ed ecologiche. Una risoluzione può essere trovata solo se la struttura della rete viene modificata, e questo comporterà profonde trasformazioni delle nostre istituzioni sociali, dei nostri valori e delle nostre idee. /6 (Traduzione mia).

Capra puts spotlights on trends and philosophical movements of old, to show the potential they had for forging the reigning worldview, or else for shifting that view and preparing the ground for a *paradigm shift*. In his book *Uncommon Wisdom*, the author explains what a paradigm is:

Un paradigma, per me, significherebbe la totalità dei pensieri, delle percezioni e dei valori che formano una particolare visione della realtà, una visione che è alla base di un modo di organizzarsi della società. /22 (Traduzione mia).

Per esempio, *Eraclito* era una di quelle menti illuminate che ci ha mostrato il percorso volatile della saggezza integrata, ma non è stato seguito. La nostra scienza era invece quella di seguire pedissequamente *Aristotele*, e in Oriente, lo stesso accadde quando *Lao-tzu* fu evitato dai pensatori cinesi per aver dato la preferenza al pedante, moralista e sputacapelli *Confucio*. Questo dimostra con qualche evidenza che la storia non è lineare, e che è in funzione del paradigma dominante.

In questo libro rivoluzionario e, in ultima analisi, convincente, Fritjof Capra esamina attentamente i paradigmi dominanti non solo nella scienza, ma soprattutto nelle scienze sociali e li valuta dal punto di vista dell'efficacia e della sostenibilità. Poi elabora un percorso in ogni singolo caso, e per ogni singola disciplina, che si tratti di psicologia o di ricerca sul cancro, come la disciplina in questione verrebbe trasformata applicando una prospettiva sistematica. Scrive:

> Gli studi sui periodi di trasformazione culturale in varie società hanno dimostrato che queste trasformazioni sono tipicamente precedute da una varietà di indicatori sociali, molti dei quali identici ai sintomi della nostra attuale crisi. Essi includono un senso di alienazione e un aumento delle malattie mentali, dei crimini violenti e dei disordini sociali, così come un maggiore interesse per il culto religioso, tutti elementi che sono stati osservati nella nostra società durante l'ultimo decennio. In tempi di cambiamenti culturali storici, questi indicatori tendono ad apparire da uno a tre decenni prima della trasformazione centrale, aumentando di frequenza e intensità man mano che la trasformazione si avvicina, e diminuendo di nuovo dopo che si è verificata. /7 (Traduzione mia).

Il miglior riassunto di tutta la grande novità concettuale e tenore del libro si trova in queste illuminanti citazioni:

> In verità, la comprensione degli ecosistemi è ostacolata dalla natura stessa della mente razionale. Il pensiero razionale è lineare, mentre la consapevolezza ecologica nasce da un'intuizione di sistemi non lineari. Una delle cose più difficili da capire

per le persone nella nostra cultura è il fatto che se si fa qualcosa di buono, allora più dello stesso non sarà necessariamente migliore. Questa, per me, è l'essenza del pensiero ecologico. (...) La consapevolezza ecologica, quindi, sorgerà solo quando combineremo la nostra conoscenza razionale con un'intuizione per la natura non lineare del nostro ambiente. Tale saggezza intuitiva è caratteristica delle culture tradizionali, non alfabetizzate, soprattutto delle culture indiane americane, in cui la vita era organizzata intorno a una consapevolezza altamente raffinata dell'ambiente. (...) L'evoluzione biologica della specie umana si è fermata circa cinquantamila anni fa. Da allora, l'evoluzione non è più avvenuta geneticamente, ma socialmente e culturalmente, mentre il corpo umano e il cervello sono rimasti essenzialmente gli stessi nella struttura e nelle dimensioni. /25 (Traduzione mia).

Il nostro progresso, quindi, è stato in gran parte razionale e intellettuale, e questa evoluzione unilaterale ha ormai raggiunto una fase estremamente allarmante, una situazione talmente paradossale che rasenta la follia. Possiamo controllare gli atterraggi morbidi delle navicelle spaziali su pianeti lontani, ma non siamo in grado di controllare i fumi inquinanti emessi dalle nostre automobili e dalle nostre fabbriche. Proponiamo comunità utopiche in gigantesche colonie spaziali, ma non possiamo gestire le nostre città. Il mondo degli affari ci fa credere che le enormi industrie che producono alimenti per animali domestici e cosmetici sono un segno dei nostri elevati standard di vita, mentre gli economisti cercano di dirci che non possiamo 'permetterci' un'adeguata assistenza sanitaria, un'istruzione o un trasporto pubblico. La scienza medica e la farmacologia stanno mettendo in pericolo la nostra salute, e il Dipartimento della Difesa è diventato la più grande minaccia alla nostra sicurezza nazionale. Questi sono i risultati di un'enfasi eccessiva sul nostro yang, o conoscenza razionale maschile, analisi, espansione e trascurando il nostro yin, o femminile, saggezza intuitiva, sintesi e consapevolezza ecologica. /26 (Traduzione mia).

In un sistema sano—un individuo, una società o un ecosistema—c'è un equilibrio tra integrazione e autoaffermazione. Questo equilibrio non è statico, ma consiste in un'interazione dinamica tra le due tendenze complementari, che rende l'intero sistema flessibile e aperto al cambiamento. /27s (Traduzione mia).

Il tono generale del libro è piuttosto critico, non confortante e a volte accusatorio. L'autore si esprime in modo esauriente e la sua conferenza è convincente per la maggior parte del tempo. Ciò che fa la differenza rispetto ai grandi passaggi del *Tao Della Fisica*, in questo libro Capra mette a confronto la realtà della fisica moderna, come scienza in gran parte sistemica, e che ha mostrato che non c'è in realtà nulla di statico e 'materiale' nella configurazione dell'universo, con le nostre realtà istituzionali, attraverso le discipline professionali, per mostrarci quanto siano frammentate e superate le nostre politiche, e come dobbiamo riformarle sulla falsariga di questa nuova visione del mondo.

La fisica quantistica mostra chiaramente che l'osservatore è legato all'oggetto dell'osservazione, ma noi continuiamo a osservare i processi naturali o gli sviluppi della società nella severa convinzione di essere 'oggettivi' in qualsiasi modo quando siamo 'razionali' e di poter fare valutazioni valide sull'efficacia delle nostre politiche sociali e legali. In realtà, nella maggior parte delle aree e delle discipline professionali, le valutazioni che i nostri leader stanno facendo sono sbagliate se non errate, poiché proiettano il sistema di credenze dell'osservatore nell'oggetto stesso dell'osservazione. Poiché questa è solo una delle numerose caratteristiche principali della fisica quantistica, diventa ovvio che la critica sociale che l'autore offre in questo libro è sfaccettata e ben fondata. Prendiamo l'esempio della genetica e vediamo cosa scrive Fritjof Capra:

> Un'altra fallacia dell'approccio riduzionista nella genetica è la convinzione che i tratti caratteriali di un organismo siano determinati unicamente dalla sua composizione genetica. Questo 'determinismo genetico' è una diretta conseguenza del considerare gli organismi viventi come macchine controllate da catene lineari di causa ed effetto. Esso ignora il fatto che gli organismi sono sistemi multilivello, i geni sono incorporati nei cromosomi, i cromosomi che funzionano all'interno dei nuclei delle loro cellule, le cellule incorporate nei tessuti, e così via. Tutti questi livelli sono coinvolti in interazioni reciproche che influenzano lo sviluppo dell'organismo e danno luogo ad ampie variazioni del 'modello genetico.' /108 (Traduzione mia).

La genetica è notoriamente uno dei rami più controversi della scienza moderna. Essa si fonda su idee darwinistiche, molte delle quali nel frattempo sono state silenziosamente smentite; inoltre un bel po' di pensiero deterministico fa parte di questo paradigma che crede nel mito di un destino preordinato dai geni. Ciò ha conseguenze enormi e in parte pericolose, poiché non è affatto una visione sistemica, ma puramente riduzionista in fondo. Scrive l'autore:

> Più recentemente la fallacia del determinismo genetico ha dato origine ad una teoria ampiamente discussa nota come sociobiologia, in cui tutti i comportamenti sociali sono visti come predeterminati dalla struttura genetica.

> Numerosi critici hanno sottolineato che questa visione non è solo scientificamente errata, ma anche piuttosto pericolosa. Essa incoraggia giustificazioni pseudoscientifiche per il razzismo e il sessismo interpretando le differenze nel comportamento umano come geneticamente preprogrammate e immutabili. /109 (Traduzione mia).

I paralleli con il pensiero e l'ideologia fascista sono evidenti in tutto il dibattito genetico, e quelli che ne sono in prima linea, e il mito del superuomo è in agguato per imporre il dominio politico e sociale sulla parte 'più debole' della specie. Non è certo un modello che favorisce qualsiasi forma di pace e di collaborazione!

Ora mettiamo alcune citazioni da questo libro sulla medicina moderna, il nostro modello biomedico, e su come deve essere cambiato da un concetto meccanicistico e frammentario ad un approccio olistico alla guarigione:

> Il corpo umano è considerato come una macchina analizzabile nelle sue parti; la malattia è vista come il malfunzionamento dei meccanismi biologici che vengono studiati dal punto di vista della biologia cellulare e molecolare; il ruolo del medico è quello di intervenire, fisicamente o chimicamente, per correggere il malfunzionamento di un determinato meccanismo. /118 (Traduzione mia).

> Il motivo dell'esclusione del fenomeno della guarigione dalla scienza biomedica è evidente. È un fenomeno che non può essere compreso in termini riduzionistici. Ciò vale per la guarigione delle ferite e ancor di più per la guarigione delle malattie, che generalmente comportano un complesso gioco tra gli aspetti fisici, psicologici, sociali e ambientali della condizione umana. Per reintegrare il concetto di guarigione nella teoria e nella pratica della medicina, la scienza medica dovrà trascendere la sua visione ristretta della salute e della malattia. Ciò non significa che dovrà essere meno scientifica. Al contrario, ampliando la sua base concettuale diventerà

più coerente con i recenti sviluppi della scienza moderna. /119 (Traduzione mia).

La pratica della medicina popolare è stata tradizionalmente appannaggio delle donne, poiché l'arte della guarigione in famiglia è solitamente associata ai compiti e allo spirito della maternità. I guaritori popolari, tipicamente, sono sia donne che uomini, con proporzioni che variano da cultura a cultura. Non praticano all'interno di una professione organizzata, ma traggono la loro autorità dai loro poteri di guarigione—spesso interpretati come il loro accesso al mondo degli spiriti—piuttosto che dalla licenza professionale. Con la comparsa di una medicina organizzata e di alta tradizione, tuttavia, gli schemi patriarcali si affermano e la medicina diventa dominata dagli uomini. Questo vale sia per la medicina classica cinese o greca che per la medicina medievale europea o per la moderna medicina cosmopolita. /121 (Traduzione mia).

La visione meccanicistica dell'organismo umano e il conseguente approccio ingegneristico alla salute ha portato ad un'eccessiva enfasi sulla tecnologia medica, che è percepita come l'unico modo per migliorare la salute. /147 (Traduzione mia).

Gli ospedali sono diventati grandi istituzioni professionali, privilegiando la tecnologia e la competenza scientifica piuttosto che il contatto con il paziente. In questi moderni centri medici, che assomigliano più agli aeroporti che agli ambienti terapeutici, i pazienti tendono a sentirsi impotenti e spaventati, il che spesso impedisce loro di guarire. / 148 (Traduzione mia).

L'uso eccessivo dell'alta tecnologia nell'assistenza medica non solo è antieconomico, ma causa anche una quantità inutile di dolore e sofferenza. Gli incidenti negli ospedali sono oggi più frequenti che in qualsiasi altro settore, ad eccezione dell'industria mineraria e delle costruzioni di grattacieli. /149 (Traduzione mia).

Fritjof Capra riesce a dimostrare che i problemi sistemici che incontriamo in quasi tutti i rami dell'albero della conoscenza della nostra cultura sono tutti appesi insieme e derivano da alcune idee sbagliate di base che sono il risultato di una visione meccanicistica miope, della mancanza di informazioni e di formazione sull'alfabetizzazione sistematica, della sopravvalutazione dei valori maschili e dell'attenzione generale al controllo, invece di insegnare la comprensione della collaborazione. Mentre la natura, quando prevale la salute, è sempre armoniosa, la nostra società favorisce la disarmonia e il pensiero estremista sotto ogni aspetto. Nella nostra medicina a proiettile vediamo medici e marescialli condurre una guerra contro i microbi del cancro e usare farmaci e chemioterapia per combattere una malattia che è in realtà un processo di contrazione dell'intero organismo, e che ha un'eziologia emotiva.

Mentre la verità sulla malattia è che noi la provochiamo con i nostri modi di pensare impuri e con la nostra mancanza di amore per noi stessi. Scrive Fritjof Capra:

> Lo sviluppo della malattia comporta la continua interazione tra processi fisici e mentali che si rafforzano a vicenda attraverso una complessa rete di loop di feedback. I modelli di malattia in qualsiasi stadio appaiono come manifestazioni di processi psicosomatici sottostanti che dovrebbero essere affrontati nel corso della terapia. Questa visione dinamica della malattia riconosce specificamente la tendenza innata dell'organismo a guarire se stesso—a ristabilirsi in uno stato di equilibrio—che può includere fasi di crisi e transizioni di vita importanti. /364 (Traduzione mia).

L'autore discute poi vari approcci di guarigione alternativi come l'omeopatia o la terapia orgonica di Wilhelm Reich. Per quanto riguarda la discussione sulla moderna cura alternativa del cancro da parte dei Simonton e di altri, l'ho già sottolineato nel Capitolo Due. Ora, per chiudere questa ampia rassegna, permettetemi di menzionare un dettaglio molto importante; è la visione sempre più prevalente in biologia e psicologia che *tutto in realtà è energia* e che non possiamo capire i processi naturali senza considerare che tutta la vita è dopo tutta l'energia. Scrive l'autore:

> Come nella biologia dei nuovi sistemi, il focus della psicologia si sta spostando dalle strutture psicologiche ai processi sottostanti. La psiche umana è vista come un sistema dinamico che coinvolge una varietà di funzioni che i teorici dei sistemi associano al fenomeno dell'auto-organizzazione. Dopo Jung e Reich, molti psicologi e psicoterapeuti sono arrivati a pensare alle dinamiche mentali in termini di flusso di energia, e credono anche che queste dinamiche riflettano un'intelligenza intrinseca—l'equivalente del concetto di mentazione dei sistemi—che permette alla psiche non solo di creare malattie mentali ma anche di guarire se stessa. Inoltre, la crescita interiore e l'autorealizzazione sono viste come essenziali per le dinamiche della psiche umana, in pieno accordo con l'enfasi sull'auto-

trascendenza nella visione sistemica della vita. /407 (Traduzione mia).

Infatti, io stesso ho intrapreso una ricerca sulla perenne conoscenza del campo energetico umano, e su come si integra oggi come 'campo quantistico,' e negli ultimi anni ho visto che sempre più scienziati stanno lavorando all'integrazione di questa antica idea nella nostra scienza moderna.

Ciò avviene sia in biologia che in psicologia. Carl Jung l'ha definita come 'psicoenergia' e William A. Tiller ha coniato le sue ricerche sul campo in termini di 'scienza psicoenergetica,' titolo di uno dei suoi libri.

Capitolo Sette

Uncommon Wisdom

Uncommon Wisdom

Conversations with Remarkable People
New York: Bantam Books, 1989

Uncommon Wisdom (1989) non è un libro di scienza in senso stretto, ma chiarisce molto sullo scienziato Fritjof Capra e sul metodo del suo speciale approccio alla raccolta della conoscenza attraverso lo scambio di opinioni con gli altri per ottenere una prospettiva multi-vettoriale. È autobiografico anche sotto questo aspetto, naturalmente, e questo ha un valore in sé, perché finora Fritjof Capra non ha accettato di essere biografato, come ho appreso da un dipendente del *Berkeley Center of Ecoliteracy* proprio di recente.

È un libro molto leggibile e dal punto di vista umano molto interessante, perché dimostra con molti esempi che si arriva a un giudizio maturo di qualsiasi problema solo scambiando con gli altri, e se il campo di studio è al di fuori delle nostre competenze professionali, consultando i migliori esperti del settore.

Ho recensito il libro solo di recente, e dopo la mia seconda conferenza del libro. In precedenza, mi ero convinto che il libro non può essere recensito perché è molto personale, autobiografico e contiene molte conversazioni difficili se non impossibili da parafrasare senza citarle. Citarle interamente è stato escluso a causa del diritto d'autore, quindi ho dovuto segnare solo i punti principali.

Prima di tutto, ho riflettuto sul perché dovrei recensire il libro. Dopo la mia iniziale esitazione, e leggendolo ancora una volta, mi sono reso conto che in realtà si tratta di un documento molto importante, perché mette in relazione il passaggio che l'autore ha fatto da *Il Tao della Fisica (1975)* a *Il Punto di Svolta (1987)*, e come Capra stesse ricevendo un ampio feedback e sostegno da altri scienziati e professionisti, psicologi, psichiatri e medici per discutere la sua ricerca che cambiava il paradigma, e il progetto per il prossimo libro che era certamente impegnativo da scrivere.

Il libro contiene conversazioni con Werner Heisenberg, J. Krishnamurti, Geoffrey Chew, Gregory Bateson, Stanislav Grof, R.D. Laing, Carl Simonton, Margaret Lock, E.F. Schumacher, Hazel Henderson e Indira Gandhi. Inoltre, i cosiddetti *Big Sur Dialogues*, una conversazione sui cambiamenti di paradigma nella medicina, all'Esalen Institute, che è stata condotta da Capra, e a cui hanno partecipato e contribuito Gregory Bateson, Antonio

Dimalanta, Stanislav Grof, Hazel Henderson, Margaret Lock, Leonard Shlain e Carl Simonton.

La Saggezza non Comune è certamente una lettura obbligata per tutti coloro che vogliono essere informati su come, da oltre due decenni, i nostri paradigmi scientifici fondamentali stanno cambiando verso una visione del mondo olistica e sistemica.

Tutti gli studiosi che Fritjof Capra ha incontrato, e le altre persone che ha citato in questo libro non hanno bisogno di essere presentati, in quanto sono famosi in tutto il mondo.

Per cominciare, non saprei dire quale parte del libro mi è piaciuta di più e quale parte, come spesso accade, mi ha interessato di meno. È stata una lettura affascinante, dalla prima all'ultima parola. Forse, sì, i resoconti più accattivanti per me sono stati gli incontri di Capra con Gregory Bateson, Stanislav Grof e Ronald David Laing. Questa è, tra l'altro, la mia esperienza con tutti i libri di Capra, e credo che questo abbia a che fare sia con la sua onestà scientifica che con il suo stile di scrittura chiaro e attento, che non si avventura in speculazioni, ma che trasmette comunque la natura emotiva dell'autore.

Capra è forse eccezionale tra gli scienziati sotto questo aspetto, e in questo libro diventa particolarmente evidente, poiché ripercorre anche i suoi anni hippie, e il suo spirito di avventura da giovane uomo, amante, padre, artista e scienziato.

Ciò che emerge dalla lezione di questo libro è una profonda conoscenza non solo degli argomenti scientifici in esso trattati, ma anche del modo in cui Capra ricerca.

Come ha sottolineato nella sua conferenza alla Grace Cathedral di San Francisco, nel novembre 2007, il suo metodo di ricerca è unico nel suo genere, in quanto egli, come altri ricercatori, non basa la sua raccolta di conoscenze sui libri, come fonte primaria di informazioni, ma sui loro autori. Nel corso dei molti anni della sua ricerca e della sua attività editoriale, è riuscito a entrare sempre in contatto con gli autori dei libri che ha trovato importanti per la sua ricerca, e si è legato a loro, e spesso è diventato loro amico. A volte, ha inviato spontaneamente un manoscritto ad alcuni di loro e ha ricevuto un prezioso feedback. In questo modo,

Fritjof Capra ha fatto amicizia con molte grandi menti negli ultimi trent'anni, tra cui quelle presenti in questo libro affascinante e molto personale.

Permettetemi di iniziare questa recensione con il modo in cui Capra ha descritto il movimento hippie e il suo coinvolgimento nella controcultura. Molte delle sue osservazioni sono accurate; naturalmente rivelano anche la sua personalità e come in quel periodo si ribellava al 'sistema' e viveva la sua natura ribelle:

> Gli hippy si sono opposti a molti tratti culturali che anche noi abbiamo trovato molto poco attraenti. Per distinguersi dai tagli della troupe e dalle tute in poliestere dei dirigenti dritti portavano capelli lunghi, abiti colorati e individualisti, fiori, perline e altri gioielli. Vivevano naturalmente senza disinfettanti o deodoranti, molti di loro erano vegetariani, molti praticavano lo yoga o qualche altra forma di meditazione. Spesso cucinavano il pane da soli o praticavano qualche mestiere. Erano chiamati 'sporchi hippy' dalla società etero, ma si riferivano a se stessi come 'la bella gente.' Insoddisfatti di un sistema educativo che era stato progettato per preparare i giovani ad una società che rifiutavano, molti hippies hanno abbandonato il sistema educativo anche se spesso erano molto talentuosi. Questa

sottocultura era immediatamente identificabile e strettamente legata. Aveva i suoi rituali, la sua musica, la sua poesia e la sua letteratura, un fascino comune per la spiritualità e l'occulto, e la visione condivisa di una società pacifica e bella. La musica rock e le droghe psichedeliche erano legami potenti che influenzarono fortemente l'arte e lo stile di vita della cultura hippie. /23 (Traduzione mia).

Ora, che impatto ha avuto questa controcultura sulla visione del mondo di Fritjof Capra e sul suo sviluppo personale come scienziato che ha sviluppato sempre più una visione critica della nostra tradizione scientifica?

Gli anni Sessanta mi hanno portato senza dubbio le esperienze personali più profonde e radicali della mia vita: il rifiuto dei valori convenzionali e 'retti;' la vicinanza, la tranquillità e la fiducia della comunità hippie; la libertà della nudità comune; l'espansione della coscienza attraverso la psichedelica e la meditazione; la giocosità e l'attenzione al 'qui e ora' —tutto ciò ha portato a un continuo senso di magia, stupore e meraviglia che, per me, sarà per sempre associato agli anni Sessanta. /24 (Traduzione mia).

Gli anni Sessanta sono stati anche il periodo in cui la mia coscienza politica è stata sollevata. Questo avvenne per la prima volta a Parigi, dove molti studenti laureati e giovani ricercatori erano attivi anche nel movimento studentesco che culminò nella memorabile rivolta che ancora oggi si chiama semplicemente 'maggio 68.' Ricordo lunghe discussioni alla Facoltà di Scienze di Orsay, durante le quali gli studenti non solo analizzarono la guerra del Vietnam e la guerra arabo-israeliana del 1967, ma misero in discussione la struttura del potere all'interno dell'università e discussero di strutture alternative, non gerarchiche. /Id. (Traduzione mia).

Ricordo che la mia simpatia per il movimento Black Power fu suscitata da un evento drammatico e indimenticabile dopo il nostro trasferimento a Santa Cruz. Abbiamo letto sul giornale che un adolescente nero disarmato era stato brutalmente ucciso a colpi di pistola da un poliziotto bianco in un piccolo negozio di dischi a San Francisco. Indignato, io e mia moglie abbiamo guidato fino a San Francisco e siamo andati al funerale del ragazzo, aspettandoci di trovare una grande folla di bianchi che la pensavano come lui. In effetti, c'era una grande folla, ma con nostro grande shock abbiamo scoperto che, insieme ad altri due o tre, eravamo gli unici bianchi. La sala della congregazione era foderata di pantere nere dall'aspetto feroce, rivestite di pelle nera, con le braccia incrociate. L'atmosfera era tesa e ci sentivamo insicuri e spaventati. Ma quando mi sono avvicinato a una delle guardie e ho chiesto se potevamo partecipare al funerale, mi ha guardato dritto negli occhi e ha detto semplicemente: 'Prego, fratello, prego! /25 (Traduzione mia).

Qui di seguito, Capra spiega come si sentiva ad incontrare grandi studiosi di filosofia del suo tempo, come Alan Watts, Carlos Castaneda o J. Krishnamurti, e cosa lo Zen significasse per lui personalmente.

Dopo essermi trasferito in California, ho presto scoperto che Alan Watts era uno degli eroi della controcultura, i cui libri erano sugli scaffali della maggior parte delle comunità hippie, insieme a quelli di Carlos Castaneda, J. Krishnamurti e Hermann Hesse. Anche se avevo letto libri di filosofia e religione orientale prima di leggere Watts, è stato lui che mi ha aiutato di più a comprenderne l'essenza. I suoi libri mi portavano fino a dove si poteva arrivare con i libri e mi stimolavano ad andare oltre attraverso un'esperienza diretta e non verbale. /26

L'impatto dell'aspetto fisico e del carisma di Krishnamurti è stato rafforzato e approfondito da ciò che ha detto. Krishnamurti era un pensatore molto originale che rifiutava ogni autorità spirituale e tradizione. I suoi insegnamenti erano molto vicini a quelli del buddismo, ma non ha mai usato termini del buddismo o di qualsiasi altro ramo del pensiero tradizionale orientale. Il compito che si era prefissato era estremamente difficile—usare il linguaggio e il ragionamento per condurre il suo pubblico al di là del linguaggio e del ragionamento—e il modo in cui lo faceva era molto impressionante. /28 (Traduzione mia).

La citazione che segue ci ricorda il *Tao Della Fisica* e la mia critica. Non riesco proprio a capire come Krishnamurti avrebbe potuto risolvere un problema per lui che si basava su un approccio concettuale problematico? Krishnamurti gli disse semplicemente che poteva definirsi uno scienziato senza però dover limitare la sua visione concettuale a ciò che era accettato solo dal metodo scientifico. Krishnamurti intendeva dire che egli poteva vedersi come un essere umano, senza le opinioni limitative di uno scienziato, ma dubito che Krishnamurti volesse giustificare il suo approccio per confrontare grossolanamente il misticismo con la scienza, difendendo così una proposta alquanto insensata che non può essere collocata né nel regno della scienza né in quello della filosofia!

> Il problema che Krishnamurti aveva risolto per me, come lo Zen con un solo colpo, è il problema che la maggior parte dei fisici affronta quando si confronta con le idee delle tradizioni mistiche—come si può trascendere il pensiero senza perdere il proprio impegno per la scienza? È la ragione, credo, per cui molti dei miei colleghi si sentono minacciati dai miei confronti tra fisica e misticismo. /31 (Traduzione mia).

Non credo che i colleghi scientifici di Capra si sentissero davvero 'minacciati' dai suoi paragoni tra fisica e misticismo. Tendo a credere che essi ritenessero che tali paragoni fossero del tutto personali e quindi autobiografici, senza avere un significato per gli altri, oppure che fossero assurdi e che quindi allontanassero uno scienziato dal punto di vista concettuale. Possono anche non avere avuto un buon posto nelle comunità hippie e con i nuovi arrivati, ma non c'è da stupirsi che siano stati generalmente inaccettabili per la maggior parte degli scienziati—e per una buona ragione! Lo Zen è naturalmente una formazione mentale da cui tutti possono trarre profitto, ma perché dovrebbe avere un valore esperienziale diverso da quello casuale per uno scienziato?

La tradizione Zen, in particolare, ha sviluppato un sistema di istruzione non verbale attraverso indovinelli apparentemente senza senso, chiamati koan, che non possono essere risolti con il pensiero. Essi sono concepiti proprio per fermare il processo di pensiero e quindi rendere lo studente pronto per l'esperienza non verbale della realtà. /32 (Traduzione mia).

Quando ho letto per la prima volta del metodo koan nell'addestramento Zen, mi è sembrato stranamente familiare. Avevo passato molti anni a studiare un altro tipo di paradosso che sembrava avere un ruolo simile nella formazione dei fisici. C'erano differenze, naturalmente. La mia formazione come fisico non aveva certamente avuto l'intensità della formazione Zen. Ma poi ho pensato al racconto di Heisenberg sul modo in cui i fisici negli anni Venti hanno vissuto i paradossi quantistici, lottando per la comprensione in una situazione in cui la natura era la sola maestra. Il parallelo era ovvio e affascinante e, in seguito, quando ho imparato di più sul Buddismo Zen, ho scoperto che era davvero molto significativo. Come nello Zen, le soluzioni ai problemi del fisico erano nascoste in paradossi che non potevano essere risolti con il ragionamento logico ma che dovevano essere compresi in termini di una nuova consapevolezza, la consapevolezza della realtà atomica. La natura è stata la loro maestra e, come i maestri Zen, non ha fornito alcuna dichiarazione; ha solo fornito gli enigmi. /32 (Traduzione mia).

Un interessante dettaglio sulla sua esperienza di scrittore del *Tao Della Fisica* è riportato qui:

Poco prima di lasciare la California avevo progettato un fotomontaggio—uno Shiva danzante sovrapposto a tracce di particelle in collisione in una camera a bolle—per illustrare la mia esperienza della danza cosmica sulla spiaggia. Un giorno mi sedetti nella mia minuscola stanza vicino all'Imperial College e guardai questa bellissima foto, e all'improvviso mi resi conto di una cosa molto chiara. Sapevo con assoluta certezza che i paralleli tra fisica e misticismo, che avevo appena iniziato a scoprire, un giorno sarebbero stati di dominio comune; sapevo anche che ero nella posizione migliore per esplorare a fondo questi paralleli e per scrivere un libro su di essi. Ho deciso lì per lì di scrivere quel libro, ma ho anche deciso che non ero ancora pronto a farlo. Per prima cosa avrei studiato ulteriormente il mio argomento e avrei scritto qualche articolo su di esso prima di tentare il libro. /35 (Traduzione mia).

Per Fritjof Capra, come per molti di noi oggi, me compreso, il taoismo e l'insegnamento di Lao-tzu è stata una filosofia importante che ha avuto un forte impatto anche sulla sua visione del mondo scientifico:

> I saggi taoisti hanno concentrato la loro attenzione sull'osservazione della natura per discernere le 'caratteristiche del Tao.' Così facendo svilupparono un atteggiamento essenzialmente scientifico; solo la loro profonda diffidenza per il metodo analitico del ragionamento gli impediva di costruire adeguate teorie scientifiche. Tuttavia, la loro attenta osservazione della natura, unita a una forte intuizione mistica, li ha portati a profonde intuizioni che sono confermate dalle moderne teorie scientifiche. La profonda saggezza ecologica, l'approccio empirico e il sapore speciale del taoismo, che posso meglio descrivere come 'estasi silenziosa,' mi attraevano enormemente, e così il taoismo divenne per me la strada da seguire. /36 (Traduzione mia).

Nel seguito Capra descrive come gli scritti di Carlos Castaneda siano importanti per lui, così come il buddismo:

Anche Castaneda esercitò una forte influenza su di me in quegli anni, e i suoi libri mi mostrarono l'ennesimo approccio agli insegnamenti spirituali dell'Oriente. Ho trovato gli insegnamenti delle tradizioni indiane americane, espressi dal leggendario saggio yaqui Don Juan, molto vicini a quelli della tradizione taoista, trasmessi dai leggendari saggi Lao Tzu e Chuang Tzu. La consapevolezza di essere inseriti nel flusso naturale delle cose e la capacità di agire di conseguenza sono centrali in entrambe le tradizioni. Mentre il saggio taoista scorre nella corrente del Tao, lo yaqui 'uomo di conoscenza' ha bisogno di essere leggero e fluido per 'vedere' la natura essenziale delle cose. /36-37

La più forte influenza della tradizione buddista sul mio pensiero è stata l'enfasi sul ruolo centrale della compassione nel raggiungimento della conoscenza. Secondo la visione buddista, non può esserci saggezza senza compassione, il che significa per me che la scienza non ha alcun valore se non è accompagnata da una preoccupazione sociale. /37 (Traduzione mia).

Dettagli più autobiografici sulla sua vita di giovane scienziato e scrittore sono rivelati in queste citazioni:

Anche se gli anni 1971 e 1972 sono stati molto difficili per me, sono stati anche molto emozionanti.
Ho continuato la mia vita come fisico part-time e
hippie part-time, facendo ricerche sulla fisica delle
particelle all'Imperial College e continuando al con-
tempo le mie ricerche più ampie in modo organizzato e sistematico. Riuscii a ottenere diversi lavori
part-time—insegnare fisica delle alte energie a un
gruppo di ingegneri, tradurre testi tecnici dall'inglese al tedesco, insegnare matematica alle ragazze
delle scuole superiori—che mi fruttarono abbastanza soldi per sopravvivere, ma non mi permisero alcun lusso materiale. La mia vita in quei due anni
era molto simile a quella di un pellegrino; i suoi
lussi e le sue gioie non erano quelli del piano materiale.

Ciò che mi ha portato attraverso questo periodo è
stata una forte convinzione della mia visione e la
convinzione che la mia perseveranza sarebbe stata
alla fine ricompensata. Durante quei due anni ho
sempre avuto una citazione del saggio taoista
Chuang Tzu appesa al muro: 'Ho cercato un sovra-
no che mi assumesse per molto tempo. Il fatto che
non ne abbia trovato uno dimostra il carattere del-
l'epoca.' /37 (Traduzione mia).

Ho messo in una borsa il mio completo, le camicie,
le scarpe di pelle e i documenti di fisica, ho messo i

jeans a toppa, i sandali e la camicia a fiori e sono partito. Il tempo era magnifico e mi è piaciuto molto viaggiare attraverso l'Europa in modo lento, incontrando molte persone e visitando bellissime città antiche lungo la strada. La mia esperienza più importante in questo viaggio, il primo in Europa dopo due anni di California, è stata la consapevolezza che i confini nazionali europei sono divisioni piuttosto artificiali. Ho notato che la lingua, i costumi e le caratteristiche fisiche della gente non cambiavano bruscamente ai confini, ma piuttosto gradualmente, e che le persone da una parte e dall'altra del confine spesso avevano molto più in comune tra loro che, diciamo, con gli abitanti delle capitali dei loro paesi. /38 (Traduzione mia).

Qui ci sono alcune difficoltà riportate sul *Tao* e sul processo editoriale di cui il lettore potrebbe non aver mai sentito parlare:

Oggi *Il Tao Della Fisica* è un bestseller internazionale ed è spesso lodato come un classico che ha influenzato molti altri scrittori. Ma quando ho pianificato di scriverlo, è stato estremamente difficile per me trovare un editore. Amici a Londra che erano scrittori mi hanno suggerito di cercare prima un agente letterario, e anche questo ha richiesto molto tempo. Quando finalmente trovai un agente che accettò di occuparsi di questo insolito progetto, mi disse che avrebbe avuto bisogno di una bozza del libro e di tre capitoli campione da offrire ai potenziali editori. Questo mi ha messo in un grande dilemma. /45 (Traduzione mia).

Nel frattempo, il mio agente ha offerto il manoscritto ai maggiori editori di Londra e New York, che lo hanno rifiutato. Dopo una dozzina di rifiuti, una piccola ma intraprendente casa editrice londinese, Wildwood House, ha accettato la proposta e mi ha pagato un anticipo che mi ha dato un sostegno sufficiente per scrivere l'intero libro. /45-46 (Traduzione mia).

Seguono interessanti sviluppi sull'approccio di Jeffrey Chew alla fisica moderna, che sono molto interessanti e informativi:

Secondo l'ipotesi del bootstrap, la natura non può essere ridotta ad entità fondamentali, come i mattoni fondamentali della materia, ma deve essere compresa interamente attraverso l'autoconsistenza. Le cose esistono in virtù delle loro relazioni reciprocamente coerenti, e tutta la fisica deve seguire unicamente l'esigenza che le sue componenti siano coerenti tra loro e con se stesse. /51 (Traduzione mia).

Il quadro matematico della fisica del bootstrap è noto come teoria della matrice S. Si basa sul concetto di matrice S, o 'matrice di dispersione,' che è stata originariamente proposta da Heisenberg negli anni '40 ed è stata sviluppata, negli ultimi due decenni, in una struttura matematica complessa, idealmente adatta a combinare i principi della meccanica quantistica con la teoria della relatività. /51 (Traduzione mia).

Questa filosofia non solo abbandona l'idea dei mattoni fondamentali della materia, ma non accetta alcuna entità fondamentale—nessuna costante, legge o equazione fondamentale. L'universo materiale è visto come una rete dinamica di eventi interconnessi. Nessuna delle proprietà di qualsiasi parte di questa rete è fondamentale; tutte seguono le proprietà delle altre parti, e la coerenza complessiva delle loro interrelazioni determina la struttura dell'intera rete. /51 (Traduzione mia).

I miei numerosi interessi al di là della fisica mi hanno impedito di fare ricerca con Chew a tempo pieno, e l'Università della California non ha mai ritenuto opportuno sostenere la mia ricerca part-time, o riconoscere i miei libri e altre pubblicazioni come contributi preziosi per lo sviluppo e la comunicazione di idee scientifiche. Ma non mi dispiace. Poco dopo il mio ritorno in California, *The Tao of*

Physics è stato pubblicato negli Stati Uniti da Shambhala e poi da Bantam Books, e da allora è diventato un bestseller internazionale. I diritti d'autore di queste edizioni e gli onorari per le conferenze e i seminari, che ho tenuto con sempre maggiore frequenza, hanno finalmente messo fine alle mie difficoltà finanziarie, che si erano protratte per la maggior parte degli anni '70. /57 (Traduzione mia).

Secondo Chew, questo bootstrapping includerà i principi fondamentali della teoria quantistica, la nostra concezione dello spazio-tempo macroscopico e, alla fine, anche la nostra concezione della coscienza umana. 'Portata al suo estremo logico,' scrive Chew, 'la congettura del bootstrap implica che l'esistenza della coscienza, insieme a tutti gli altri aspetti della natura, è necessaria per l'autoconsistenza del tutto.' /61 (Traduzione mia).

Geoffrey Chew ha avuto un'enorme influenza sulla mia visione del mondo, sulla mia concezione della scienza e sul mio modo di fare ricerca. Anche se mi sono ripetutamente allontanato molto dal mio campo di ricerca originario, la mia mente è essenzialmente una mente scientifica, e il mio approccio alla grande varietà di problemi che sono venuto a indagare è rimasto scientifico, anche se all'interno di una definizione molto ampia di scienza. È stata l'influenza di Chew, più di ogni altra cosa, che mi ha aiutato a sviluppare un tale atteggiamento scientifico nel senso più generale del termine. /65 (Traduzione mia).

La citazione che segue mostra come Capra, dopo il successo della pubblicazione de *Il Tao Della Fisica,* inizi a fare ricerche per il suo prossimo libro, *Il Punto di Svolta,* e come questo libro, che personalmente trovo molto migliore concettualmente di quanto il *Tao* fosse in fase di realizzazione a quel tempo, e qui è dove abbiamo letto per la prima volta il nome di *Gregory Bateson (1904-1980)*:

> Nel corso degli anni ho sperimentato un profondo cambiamento di percezione e di pensiero in questo senso, e nel libro che ho finalmente scritto, *The Turning Point,* non ho più presentato la nuova fisica come un modello per altre scienze, ma piuttosto come un importante caso speciale di un quadro molto più generale, il quadro della teoria dei sistemi. /72 (Traduzione mia).

Un aspetto centrale del nuovo paradigma emergente, forse l'aspetto centrale, è il passaggio dagli oggetti alle relazioni. Secondo Bateson, la relazione dovrebbe essere alla base di ogni definizione; la forma biologica è messa insieme di relazioni e non di parti, e questo è anche il modo di pensare della gente; infatti, direbbe, è l'unico modo in cui possiamo pensare. /78 (Traduzione mia).

Il mondo diventa molto più bello quando diventa più complicato, direbbe Bateson. /79 (Traduzione mia).

Uno dei principali obiettivi di Bateson nel suo studio dell'epistemologia era quello di sottolineare che la logica non era adatta alla descrizione dei modelli biologici. La logica può essere usata in modo molto elegante per descrivere sistemi lineari di causa ed effetto, ma quando le sequenze causali diventano circolari, come nel mondo vivente, la loro descrizione in termini di logica genera paradossi. Questo vale anche per i sistemi non viventi che implicano meccanismi di feedback, e Bateson ha spesso usato il termostato come illustrazione del suo punto di vista. /80 (Traduzione mia).

Bateson insisteva sempre sul fatto che era un monista, che stava sviluppando una descrizione scientifica del mondo che non divideva l'universo dualisticamente in mente e materia, o in qualsiasi altra entità separata. Spesso sottolineava che la religione giudaico-cristiana, pur vantando il monismo, era essenzialmente dualistica perché separava Dio dalla Sua creazione. Allo stesso modo, insisteva sul fatto che doveva escludere tutte le altre spiegazioni soprannaturali perché avrebbero distrutto la struttura monistica della sua scienza. /83 (Traduzione mia).

I contributi più importanti di Bateson al pensiero scientifico, secondo me, sono stati le sue idee sulla natura della mente. Ha sviluppato un concetto di mente radicalmente nuovo, che rappresenta per me il primo tentativo riuscito di superare realmente la scissione cartesiana che ha causato tanti problemi nel pensiero e nella cultura occidentale. /83 (Traduzione mia).

Il mio primo passo avanti nella comprensione della nozione di mente di Bateson è stato quando ho studiato la teoria di Ilya Prigogine sul sistema di auto-organizzazione. Secondo Prigogine, fisico, chimico e premio Nobel, i modelli di organizzazione caratteristici dei sistemi viventi possono essere riassunti in termini di un unico principio dinamico, il principio di auto-organizzazione. /Id. (Traduzione mia).

Un organismo vivente è un sistema auto-organizzato, il che significa che il suo ordine non è imposto dall'ambiente, ma è stabilito dal sistema stesso. In altre parole, i sistemi auto-organizzati mostrano un certo grado di autonomia. Ciò non significa che siano isolati dal loro ambiente; al contrario, interagiscono con esso continuamente, ma questa interazione non determina la loro organizzazione; sono auto-organizzati. /84 (Traduzione mia).

Come ho detto all'inizio di questa recensione, un altro ottimo amico di Capra era lo psichiatra britannico *Ronald David Laing (1927-1989)*:

> È qui che Laing si è separato dalla maggior parte dei suoi colleghi. Si è concentrato sulle origini della malattia mentale guardando alla condizione umana —all'individuo inserito in una rete di relazioni multiple—e quindi ha affrontato i problemi psichiatrici in termini esistenziali. Invece di trattare la schizofrenia e altre forme di psicosi come malattie, le considerava come strategie speciali che le persone inventano per sopravvivere in situazioni invivibili. Questa visione equivaleva a un cambiamento radicale di prospettiva, che ha portato Laing a vedere la follia come una risposta sana a un ambiente sociale folle. In *The Politics of Experience* ha articolato una critica sociale incisiva che ha avuto una forte risonanza con la critica della controcultura ed è valida oggi come lo era venti anni fa. /95 (Traduzione mia).

Infine, egli delinea a grandi linee la sua amicizia e le numerose conversazioni con Stanislav Grof. È la migliore breve descrizione in assoluto della stupefacente ricerca psichiatrica di Grof che ho potuto trovare:

> La cartografia di Grof comprende tre grandi domini: il dominio delle esperienze 'psicodinamiche,' che comportano la rivivenza complessa di ricordi emotivamente rilevanti di vari periodi della vita dell'individuo; il dominio delle esperienze 'perinatali,' legate ai fenomeni biologici coinvolti nel processo di nascita; e un intero spettro di esperienze che vanno oltre i confini individuali e trascendono i limiti del tempo e dello spazio, per le quali Grof ha coniato il termine 'transpersonale.' /100 (Traduzione mia).

Nelle esperienze perinatali le sensazioni e i sentimenti associati al processo di nascita possono essere rivissuti in modo diretto e realistico e possono anche emergere sotto forma di esperienze simboliche e visionarie. Ad esempio, l'esperienza di enormi tensioni che caratterizza la lotta nel canale della nascita è spesso accompagnata da visioni di lotte titaniche, disastri naturali e varie immagini di distruzione e autodistruzione. Per facilitare la comprensione della grande complessità dei sintomi fisici, delle immagini e dei modelli esperienziali, Grof li ha raggruppati in quattro gruppi, chiamati matrici perinatali, che corrispondono a fasi consecutive del processo di nascita. / 101 (Traduzione mia).

Un errore frequente della pratica psichiatrica attuale—conclude Grof—è quello di diagnosticare le persone come psicotici sulla base del contenuto delle loro esperienze. Le mie osservazioni mi hanno convinto che l'idea di ciò che è normale e di ciò che è patologico non dovrebbe basarsi sul contenuto e sulla natura delle esperienze delle persone, ma sul modo in cui vengono gestite e sul grado in cui una persona è in stato di integrare queste esperienze insolite nella sua vita. L'integrazione armonica delle esperienze transpersonali è fondamentale per la salute mentale, e il sostegno e l'assistenza simpatica in questo processo, se di importanza critica per una terapia di successo. /122 (Traduzione mia).

CAPITOLO OTTO

The Web of Life

The Web of Life

A New Scientific Understanding of Living Systems
New York: Anchor Books, 1997

La Rete della Vita è il libro in cui Capra ha
definito il suo approccio all'ecologia, facendo del-

l'ecologia, o ecologia profonda, un concetto che fa parte di un nuovo paradigma scientifico, fortemente introdotto e promosso da uno dei più importanti teorici della scienza del nostro tempo.

Cos'è l'ecologia profonda e perché ne abbiamo bisogno? Scrive Capra:

> Mentre il vecchio paradigma si basa su valori antropocentrici (centrati sull'uomo), l'ecologia profonda si fonda su valori ecocentrici (centrati sulla terra). È una visione del mondo che riconosce il valore intrinseco della vita non umana./11 (Traduzione mia).

Un'etica ecologica così profonda è urgentemente necessaria oggi, e soprattutto nella scienza, poiché la maggior parte di ciò che gli scienziati fanno non è di migliorare e conservare la vita, ma di distruggere la vita. Con i fisici che progettano sistemi d'arma che minacciano di spazzare via la vita sul pianeta, con i chimici che contaminano l'ambiente globale, con i biologi che rilasciano nuovi e sconosciuti tipi di microrganismi senza conoscerne le conseguenze, con gli psicologi e altri scienziati che torturano gli animali in nome del progresso scientifico—con tutte queste attività in corso, sembra più urgente introdurre standard 'ecoetici' nella scienza.

La ricerca di questo libro è enorme in quanto richiede che la scienza moderna sposti radicalmente il suo sguardo sulla natura e sul vivere! Il nostro riguardo per la natura è stato condizionato dal patriarcato da circa cinquemila anni, ed è un riguardo piuttosto difensivo, distorto, schizofrenico e riduzionista. Capra ha guardato indietro nella storia e ha trovato sorprendenti intuizioni e verità precoci propagate dai nostri grandi pensatori, poeti e filosofi, come per esempio Immanuel Kant, Johann Wolfgang von Goethe o William Blake.

> La comprensione della forma organica ha avuto un ruolo importante anche nella filosofia di Immanuel Kant, spesso considerato il più grande dei filosofi moderni. Idealista, Kant separava il mondo fenomenico da quello delle 'cose in sé.' Credeva che la scienza potesse offrire solo spiegazioni meccaniche, ma affermava che in settori in cui tali spiegazioni erano inadeguate, la conoscenza scientifica doveva essere integrata considerando la natura come uno scopo./21 (Traduzione mia).

Capra si chiedeva perché la nostra scienza e le nostre tecnologie sono così profondamente ostili al nostro globo, che dopotutto chiamiamo Madre Terra, e così poco attenti alla sua conservazione? Trovò risposte conclusive in antiche tradizioni che favorirono quella che oggi chiamiamo una visione del mondo Gaia, un atteggiamento rispettoso verso la terra, la madre, l'energia *yin* e, in generale, i valori femminili:

> L'idea che la Terra sia viva, naturalmente, ha una lunga tradizione. Le immagini mitiche della Madre Terra sono tra le più antiche della storia religiosa umana. Gaia, la Dea della Terra, era venerata come divinità suprema nella Grecia antica, pre-ellenica. Ancora prima, dal Neolitico all'età del bronzo, le società della 'vecchia Europa' veneravano numerose divinità femminili come incarnazioni della Madre Terra./22 (Traduzione mia).

È così che Capra, sempre fondato sul buon senso e su una retrospezione significativa, introduce senza problemi il lettore inesperto al concetto di ricerca sui sistemi o alla visione sistemica della vita.

Il pensiero post-matriarcale, naturalmente sistemico, può essere rintracciato dalla Visione del mondo atomica (Democrito), alla Visione del mondo cartesiana (Newton, La Mettrie, René Descartes) e alla Visione del mondo relativistica

(Einstein, Planck, Heisenberg), alla Visione del mondo sistemica (Bohm, Bateson, Grof, Capra, Laszlo, ecc.) e alla Visione del mondo olistica (Talbot, Goswami, McTaggart, ecc.).

In tutti i sistemi, abbiamo a che fare con diversi livelli di complessità che si intrecciano l'uno nell'altro, rendendo così quasi impossibile sezionare parti del sistema per una ricerca più approfondita senza disturbare il sistema. Ciò significa che, contrariamente alla precedente scienza vivisezionista, dobbiamo lasciare il sistema intatto e concentrare la nostra ricerca su tutto il sistema—il che rende tutto così complesso, ma proprio questa complessità rende giustizia alla natura!

Di conseguenza, abbiamo dovuto sviluppare una nuova matematica, che oggi si chiama matematica della complessità, per affrontare gli alti livelli di complessità dei sistemi viventi. Questo significa anche che il nostro metodo scientifico principale—l'analisi deduttiva—è inadeguato per qualsiasi indagine sulla funzionalità dei sistemi viventi, perché sono reti all'interno di reti e possono essere afferrate scientificamente solo attraverso la comprensione delle loro proprietà.

Secondo la visione dei sistemi, le proprietà essenziali di un organismo, o sistema vivente, sono proprietà dell'insieme, che nessuna delle parti ha. Esse derivano dalle interazioni e dalle relazioni tra le parti. Queste proprietà vengono distrutte quando il sistema viene sezionato, fisicamente o teoricamente, in elementi isolati. Anche se possiamo distinguere le singole parti in qualsiasi sistema, queste parti non sono isolate, e la natura dell'insieme è sempre diversa dalla semplice somma delle sue parti. (...) Il grande shock della scienza del ventesimo secolo è stato che i sistemi non possono essere compresi dall'analisi. Le proprietà delle parti non sono proprietà intrinseche, ma possono essere comprese solo nel contesto del più grande insieme. Così il rapporto tra le parti e il tutto è stato invertito./29 (Traduzione mia).

Ad ogni scala, sotto un esame più attento, i nodi della rete si rivelano come reti più piccole. Tendiamo a disporre questi sistemi, tutti nidificanti all'interno di sistemi più grandi in uno schema gerarchico, ponendo i sistemi più grandi al di sopra di quelli più piccoli in modo piramidale. Ma questa è una proiezione umana. In natura non c'è 'sopra' o 'sotto,' e non ci sono gerarchie. Ci sono solo reti che si annidano all'interno di altre reti./35 (Traduzione mia).

Ciò significa che i sistemi viventi non sono, come la maggior parte della nostra organizzazione governativa e sociale, gerarchici, ma basati sulla rete, e quindi strutturati non verticalmente ma orizzontalmente, collegando segmenti 'neuronali' a strutture molecolari più grandi che distribuiscono informazioni istantaneamente su tutta la rete. Si può anche dire che una rete vivente è un sistema di 'condivisione totale dell'informazione' dove non c'è una singola molecola che non sia informata in nessun punto del tempo e dello spazio.

Il fatto che le reti orizzontali siano annidate in altre reti orizzontali, mentre le diverse reti hanno tutte un diverso livello di complessità, rende la ricerca così intricata. Questo è, tra l'altro, il motivo per cui i computer ad alte prestazioni sono stati di grande aiuto nello sviluppo della teoria dei sistemi. Ma l'intuizione più rivoluzionaria in questo caso è che la nostra abituale abitudine di sezionare parti di un insieme per un ulteriore esame e un'indagine scientifica non funziona con i sistemi viventi. Perché è così?

In definitiva, come la fisica quantistica ha dimostrato in modo così drammatico, non ci sono parti. Ciò che chiamiamo una parte è semplicemente un modello in una rete inseparabile di relazioni. Quindi lo spostamento dalle parti al tutto può anche essere visto come uno spostamento dagli oggetti alle relazioni./37 (Traduzione mia).

Quindi, quando ci occupiamo di sistemi viventi, l'intero nostro approccio all'indagine scientifica deve passare da un approccio di ricerca basata sugli oggetti a un approccio di ricerca basato sulle relazioni. Questo richiede ai ricercatori di cambiare il loro assetto interno, che è esattamente ciò che la fisica quantistica ci ha rivelato, cioè che il sistema di credenze dell'osservatore si rifletterà nel risultato della ricerca.

E c'è un altro elemento cruciale nella ricerca sui sistemi che Capra spiega e chiarisce. È ciò che abbiamo già imparato all'interno della rivoluzionaria riformulazione della scienza da parte della fisica quantistica, il fatto cioè che nell'avvicinarsi alla realtà quantistica, e al comportamento organico, dobbiamo imparare la matematica della probabilità. Che cos'è la probabilità? È l'approssimazione del comportamento. Affrontare le approssimazioni significa abbandonare il principio di certezza e avventurarsi in quello che Heisenberg chiamava il *principio di incertezza*. Abbandonare la certezza fa nascere la paura. Questa paura è stata descritta molto vividamente da Max Planck e Werner Heisenberg quando il paradigma ha iniziato a cambiare e la fisica quantistica ha cominciato a cambiare lentamente ma definitivamente a minare la fisica tradizionale. Quando abbandoniamo la certezza, cominciamo a cogliere la nozione di approssimazione e di probabilità e, di conseguenza, cambiamo i nostri costrutti matematici quando abbiamo a che fare con sistemi aperti.

> Ciò che rende possibile trasformare l'approccio dei sistemi in una scienza è la scoperta che esiste una conoscenza approssimativa. Questa intuizione è cruciale per tutta la scienza moderna. Il vecchio paradigma si basa sulla credenza cartesiana nella certezza della conoscenza scientifica. Nel nuovo paradigma si riconosce che tutti i concetti e le teorie scientifiche sono limitati e approssimativi. La scienza non può mai fornire una comprensione completa e definita. /41 (Traduzione mia).

A differenza dei sistemi chiusi, che si assestano in uno stato di equilibrio termico, i sistemi aperti si mantengono lontani dall'equilibrio in questo 'stato stazionario' caratterizzato da un flusso e un cambi-amento continuo./48 (Traduzione mia).

I sistemi viventi sono sistemi aperti, il che sig-nifica che la loro caratteristica principale è il cam-biamento e il flusso, e non la continuità e il com-portamento statico. E sono lontani dall'equilibrio, che è la scoperta più rivoluzionaria della ricerca sui sistemi. Significa che i sistemi viventi sono costan-temente in lotta contro il decadimento, e il decadimento significa equilibrio. Quando estrapo-liamo questa intuizione dai sistemi organici nella nostra realtà metafisica, vediamo che si applica an-che agli esseri umani, e persino alle religioni. Quando siamo sedentari e sazi, non siamo vivi. Questo è ciò che tutto si riduce a questo. Quindi questa profonda intuizione della ricerca sui sistemi può aiutarci a sopravvivere in uno stato lontano dall'equilibrio, mettendo da parte la nostra rassicu-razione o la falsa rassicurazione, per rimanere con la mente di un principiante, come viene espresso con tanta saggezza nello Zen. Il nostro universo è un universo fondamentalmente modellato, così come l'intelligenza umana.

Ma cosa sono i modelli? Capra spiega l'importanza dei modelli quando esplora il significato dell'auto-organizzazione, che è una delle principali caratteristiche dei sistemi viventi. Per spiegare scientificamente i modelli dobbiamo cambiare o perlomeno aggiornare il nostro set di strumenti di base dell'indagine scientifica. Capra spiega:

> Per comprendere il fenomeno dell'auto-organizzazione, dobbiamo prima capire l'importanza del modello. L'idea di un modello di organizzazione— una configurazione di relazioni caratteristica di un particolare sistema—è stata il fulcro esplicito del pensiero dei sistemi in cibernetica e da allora è stato un concetto cruciale. Dal punto di vista dei sistemi, la comprensione della vita inizia con la comprensione del modello. /80 (Traduzione mia).

> Nello studio della struttura misuriamo e pesiamo le cose. I modelli, tuttavia, non possono essere misurati o pesati; devono essere mappati. Per capire uno schema dobbiamo mappare una configurazione di relazioni. In altre parole, la struttura coinvolge le quantità, mentre il modello coinvolge le qualità. /81 (Traduzione mia).

La visione sistemica della vita implica davvero un cambiamento radicale nel nostro pensiero scientifico perché la scienza tradizionale era basata sulla quantità e orientata alla misura, mentre la scienza sistemica è basata sulla qualità e orientata alla relazione.

Capra esemplifica questa verità guardando le proprietà coinvolte nel focus scientifico della teoria delle scienze statiche e sistemiche. In questo contesto, dovremmo considerare i cicli di feedback come un'importante funzione di autoregolamentazione nei sistemi viventi. Questo è importante perché senza i cicli di feedback, i sistemi viventi non potrebbero essere auto-organizzati. Spiega Capra:

> Le proprietà sistemiche sono proprietà di modello. Ciò che viene distrutto quando un organismo vivente viene sezionato è il suo modello. I componenti sono ancora lì, ma la configurazione delle relazioni tra di loro—il modello—viene distrutta, e così l'organismo muore. /81 (Traduzione mia).

> Poiché le reti di comunicazione possono generare loop di feedback, possono acquisire la capacità di autoregolarsi. Ad esempio, una comunità che mantiene una rete di comunicazione attiva imparerà dai suoi errori, perché le conseguenze di un errore si diffonderanno attraverso la rete e torneranno

alla fonte lungo i cicli di feedback. In questo modo la comunità può correggere i propri errori, regolarsi e organizzarsi. In effetti, l'auto-organizzazione è emersa come forse il concetto centrale nella visione sistemica della vita, e come i concetti di feedback e auto-regolazione, è strettamente legata alle reti. Il modello di vita, potremmo dire, è un modello di rete capace di auto-organizzazione. Si tratta di una definizione semplice, eppure si basa su recenti scoperte all'avanguardia della scienza. /82-83 (Traduzione mia).

Un altro punto centrale di questo libro è l'attenzione di Capra sulla qualità intrinseca dei sistemi viventi come sistemi non lineari che richiedono, per essere compresi, un approccio matematico altrettanto non lineare. Una delle prime realizzazioni della non linearità matematica è stata l'introduzione del frattale in matematica. Infatti, nei miei scambi con il matematico svizzero Peter Meyer, che fu il collaboratore di Terence McKenna per la realizzazione del calcolo dello *Timewave Zero* come parte della *Novelty Theory*, ho imparato che il tempo è un frattale. Spiega Capra:

Il grande fascino esercitato dalla teoria del caos e dalla geometria frattale su persone di tutte le discipline—dagli scienziati ai manager agli artisti—può essere davvero un segno di speranza che l'isolamento della matematica sta finendo. Oggi la nuova matematica della complessità sta facendo capire a sempre più persone che la matematica è molto più che formule aride; che la comprensione dei modelli è cruciale per comprendere il mondo vivente che ci circonda; e che tutte le questioni di modelli, ordine e complessità sono essenzialmente matematiche./ 152-153 (Traduzione mia).

Dopo aver chiarito che la ricerca sui sistemi implica un approccio scientifico basato sul processo piuttosto che sull'oggetto, Capra presenta l'argomento di ricerca forse più importante di questo libro: la *reinvestigazione della cognizione* basata sulle intuizioni della ricerca sui sistemi. Capra persegue:

L'identificazione della mente, o cognizione, con il processo della vita è un'idea radicalmente nuova nella scienza, ma è anche una delle intuizioni più profonde e arcaiche dell'umanità. Nell'antichità la mente umana razionale era vista solo come un aspetto dell'anima immateriale, o spirito./264 (Traduzione mia).

In realtà, l'intero dibattito sull'elaborazione delle informazioni, vividamente criticato nei primi scritti del think tank Edward de Bono, e il dibattito ancora più ampio sulla cibernetica rendono chiaro che la cognizione è attualmente in un processo di rivalutazione:

> Il modello informatico della cognizione è stato finalmente messo seriamente in discussione negli anni '70, quando è emerso il concetto di auto-organizzazione. (...) Queste osservazioni hanno suggerito uno spostamento dell'attenzione—dai simboli alla connettività, dalle regole locali alla coerenza globale, dall'elaborazione delle informazioni alle proprietà emergenti delle reti neurali./266 (Traduzione mia).

Nella mia esplorazione scientifica delle emozioni, ho rivisitato la nostra comprensione scientifica delle emozioni, come è stata coniata all'interno di un paradigma scientifico frammentato e riduzionista. Fritjof Capra spiega in modo esauriente che le emozioni non sono elementi singolari, ma coerentemente organizzati all'interno di un sistema modellato in cui la cognizione e la risposta si intrecciano in un insieme organico e autoregolatorio:

La gamma di interazioni che un sistema vivente può avere con il suo ambiente definisce il suo 'dominio cognitivo.' Le emozioni sono parte integrante di questo dominio. Per esempio, quando rispondiamo a un insulto arrabbiandoci, l'intero schema dei processi fisiologici—faccia rossa, respirazione più veloce, tremori, e così via—fa parte della cognizione. Infatti, recenti ricerche indicano fortemente che c'è una colorazione emotiva in ogni atto cognitivo./269 (Traduzione mia).

Il fatto più importante che la teoria dei sistemi ci insegna sulla cognizione è che essa non funziona come un computer elabora le informazioni. L'elaborazione delle informazioni, già dichiarata anni fa 'un'ossessione della scienza moderna' da Edward de Bono, è un termine improprio perché il nostro cervello non 'elabora' le informazioni come fa un computer.

Un computer elabora le informazioni, il che significa che manipola i simboli sulla base di determinate regole. I simboli sono elementi distinti alimentati nel computer dall'esterno, e durante l'elaborazione delle informazioni non vi è alcun cambiamento nella struttura della macchina. La struttura fisica del computer è fissa, determinata dal suo design e dalla sua costruzione. Il sistema nervoso di un organismo vivente ... interagisce con il suo ambiente modulando continuamente la sua struttura, in modo che in qualsiasi momento la sua fisica/struttura sia una registrazione dei precedenti cambiamenti strutturali. Il sistema nervoso non elabora le informazioni provenienti dal mondo esterno ma, al contrario, genera un mondo nel processo di cognizione./274-275 (Traduzione mia).

Capra risponde poi al dibattito sull'intelligenza artificiale e sui miti che essa crea nella mente di masse di persone:

Molta confusione è causata dal fatto che gli informatici usano parole come intelligenza, memoria e linguaggio per descrivere i computer, il che implica che queste espressioni si riferiscono ai fenomeni umani che conosciamo bene per esperienza. Si tratta di un grave malinteso. Per esempio, l'essenza stessa dell'intelligenza è agire in modo appropriato quando un problema non è chiaramente definito e le soluzioni non sono evidenti. Il comportamento umano intelligente in tali situazioni si basa sul buon senso, accumulato dall'esperienza vissuta. Il buon senso, tuttavia, non è disponibile per i computer a causa della loro cecità di astrazione e dei limiti intrinseci delle operazioni formali, e quindi è impossibile programmare i computer per essere intelligenti./275-276 (Traduzione mia).

La vera intelligenza è umana, e originale, non meccanica e artificiale! La vera intelligenza è contestuale, come il linguaggio. Nessun computer può capire il significato. L'intelligenza di un ratto è un milione di volte più vicina a quella dell'uomo che a quella del computer più potente e sofisticato. Appunti di Capra:

> Il motivo è che il linguaggio è inserito in una rete di convenzioni sociali e culturali che fornisce un contesto di significato non detto. Noi comprendiamo questo contesto perché per noi è il buon senso, ma un computer non può essere programmato con il buon senso e quindi non capisce il linguaggio./276 (Traduzione mia).

> La mente non è una cosa, ma un processo—il processo della cognizione, che si identifica con il processo della vita. Il cervello è una struttura specifica attraverso la quale questo processo opera. Così la relazione tra mente e cervello è una relazione tra processo e struttura./278 (Traduzione mia).

Ora, vediamo cosa significa *sostenibilità* nella ricerca sui sistemi. Un sistema è sostenibile quando non è solo funzionale ma anche ben integrato in un continuum più ampio, in modo da avere una buona prognosi di sopravvivenza, di continuità. Scrive Capra:

> Il partenariato è una caratteristica essenziale delle comunità sostenibili. Gli scambi ciclici di energia e di risorse in un ecosistema sono sostenuti da una cooperazione pervasiva. Infatti, abbiamo visto che dalla creazione delle prime cellule nucleate più di due miliardi di anni fa, la vita sulla Terra è andata avanti attraverso accordi sempre più intricati di co-operazione e coevoluzione. Il partenariato—la tendenza ad associarsi, a stabilire legami, a vivere l'uno dentro l'altro e a cooperare—è uno dei segni distintivi della vita./301

Partenariato e cooperazione erano in realtà parole aliene sotto il patriarcato, ma prima di allora erano radicate nelle culture pre-patriarcali, come la *Civiltà Minoica*, e quindi ciò che otteniamo oggi è un ritorno alle fonti.

Capitolo Nove

The Hidden Connections

The Hidden Connections

A Science for Sustainable Living
New York: Anchor Books, 2004
Author Copyright 2002

Connessioni Nascoste è forse il più lucido dei libri di Capra. Detto questo, potrei ben immaginare che se si inizia a leggere Capra con il presente libro, senza aver prima letto i suoi libri precedenti, si potrebbe rimanere bloccati da qualche parte in mezzo ad esso—semplicemente perché mancano le informazioni essenziali che sono contenute nei libri precedenti di Capra.

Proprio all'inizio di *Connessioni Nascoste*, Capra rivela un dettaglio importante su se stesso e sul suo insolito sviluppo come scienziato:

La mia estensione dell'approccio dei sistemi al dominio sociale include esplicitamente il mondo materiale. Questo è insolito, perché tradizionalmente gli scienziati sociali non sono stati molto interessati al mondo della materia. Le nostre discipline accademiche sono state organizzate in modo tale che le scienze naturali si occupano delle strutture materiali mentre le scienze sociali si occupano delle strutture sociali, che sono intese come, essenzialmente, regole di comportamento. In futuro, questa rigida divisione non sarà più possibile, perché la sfida chiave di questo nuovo secolo—per gli scienziati sociali, gli scienziati naturali e tutti gli altri—sarà quella di costruire comunità ecologicamente sostenibili, progettate in modo tale che le loro tec-

nologie e le loro istituzioni sociali—le loro strutture
materiali e sociali—non interferiscano con la capacità intrinseca della natura di sostenere la vita./xix
(Traduzione mia).

Capra inizia, sistemicamente sano, con la cellula, notando che il sistema vivente più semplice è la
cellula, e soprattutto, la *cellula batterica*. Poi Capra
guarda cosa sono le membrane, e cosa fanno, e
questo è altamente rivelatore, e insegna una lezione
importante sulle relazioni. Non ho trovato questa
metafora perspicace da nessun'altra parte, e mi ha
mostrato proprio all'inizio di questo libro che sarà
una lezione molto importante:

> Una membrana è molto diversa da una parete cellu-
> lare. Mentre le pareti cellulari sono strutture rigide,
> le membrane sono sempre attive, si aprono e si
> chiudono continuamente, tenendo fuori alcune
> sostanze e lasciandone entrare altre./8 (Traduzione
> mia).

Le reazioni metaboliche della cellula coinvolgono
una varietà di ioni, e la membrana, essendo semipermeabile, controlla le loro proporzioni e le
mantiene in equilibrio. Un'altra attività critica della
membrana è quella di pompare continuamente le
scorie di calcio in eccesso, in modo che il calcio ri-

manente all'interno della cellula sia mantenuto al livello preciso e molto basso richiesto per le sue funzioni metaboliche. Tutte queste attività contribuiscono a mantenere la cellula come entità distinta e a proteggerla dalle influenze ambientali dannose. Infatti, la prima cosa che un batterio fa quando viene attaccato da un altro organismo è creare delle membrane. /Id. (Traduzione mia).

Il prossimo punto importante per capire come la natura 'pensa' è il metabolismo della cellula, la rete che serve il riciclaggio. Capra elabora in modo succinto:

Quando osserviamo più da vicino i processi del metabolismo, notiamo che essi formano una rete chimica. Questa è un'altra caratteristica fondamentale della vita. Come gli ecosistemi sono intesi in termini di reti alimentari (reti di organismi), così gli organismi sono visti come reti di cellule, organi e sistemi di organi, e le cellule come reti di molecole. Una delle principali intuizioni dell'approccio dei sistemi è stata la consapevolezza che la rete è un modello comune a tutta la vita. Ovunque vediamo la vita, vediamo reti. (...) La rete metabolica di una cellula comporta dinamiche molto particolari che differiscono in modo impressionante dall'ambiente non vivente della cellula. Assumendo sostanze nutritive dal mondo esterno, la cellula si sostiene attraverso una rete di reazioni chimiche che avvengono all'interno del confine e producono tutti i componenti della cellula, compresi quelli del confine stesso./9 (Traduzione mia).

Tralascerò in questa recensione i lunghi passaggi in cui Capra spiega i contributi essenziali di ricercatori di sistemi come Humberto Maturana, Francisco Varela o Ilya Prigogine, perché questo renderebbe questa recensione decisamente troppo ampia. Mi limiterò quindi ad alcune osservazioni per descrivere il nucleo della ricerca sui sistemi che Capra svolge in questo libro:

Il punto di partenza è l'osservazione che tutte le strutture cellulari esistono lontane dallo stato di equilibrio—in altre parole, la cellula morirebbe—se il metabolismo cellulare non utilizzasse un flusso continuo di energia per ripristinare le strutture così velocemente come stanno decadendo. Ciò significa che dobbiamo descrivere la cellula come un sistema aperto. I sistemi viventi sono organizzativamente chiusi—sono reti autopoietiche—ma materialmente ed energeticamente aperte./13 (Traduzione mia).

Una delle intuizioni più importanti che otteniamo dalla teoria dei sistemi e dall'osservazione ravvicinata dei processi naturali è il rapporto tra caos e ordine. Che cos'è il caos? Che cos'è l'ordine? Tutti abbiamo qui alcuni preconcetti. Certo, ma vi prometto che quando leggerete questo libro, li lascerete andare tutti, perché sono sbagliati!

Il caos non è casuale, ma il caos ordinato, ma l'ordine non è una condizione stabile. Ricorderete che abbiamo brevemente discusso prima su cosa significa auto-organizzazione in relazione ai sistemi. Qui, Capra spiega più dettagliatamente cosa fa effettivamente l'auto-organizzazione:

> L'emergenza spontanea dell'ordine nei punti critici di instabilità è uno dei concetti più importanti della nuova comprensione della vita. È tecnicamente noto come auto-organizzazione ed è spesso indicato semplicemente come emergenza. È stata riconosciuta come l'origine dinamica dello sviluppo, dell'apprendimento e dell'evoluzione. In altre parole, la creatività—la generazione di nuove forme— è una proprietà chiave di tutti i sistemi viventi. E poiché l'emergenza è parte integrante delle dinamiche dei sistemi aperti, si giunge all'importante conclusione che i sistemi aperti si sviluppano ed evolvono. La vita raggiunge costantemente la novità./14 (Traduzione mia).

Il prossimo grande errore in cui la maggior parte di noi viene colta è la discriminazione tra gli esseri umani e gli animali quando si tratta di cognizione. Il fatto è che gli esseri umani non sono molto più intelligenti dei gorilla, solo un po' di più, per essere precisi: siamo 1,6 volte più intelligenti dei gorilla. Oltre a questo, si credeva che negli animali la cognizione funzionasse in modi fondamentalmente diversi rispetto agli esseri umani. Questo sembra essere stato un errore. I ricercatori hanno scoperto che si può parlare con gli scimpanzé se si impara la loro lingua, e loro possono imparare la nostra. Capra riassume questa ricerca a breve:

> La visione unificata e post-cartesiana della mente, della materia e della vita implica anche una radicale rivalutazione dei rapporti tra l'uomo e gli animali. Nella maggior parte della filosofia occidentale, la capacità di ragionare è stata vista come una caratteristica esclusivamente umana, che ci distingue da tutti gli altri animali. Gli studi sulla comunicazione con gli scimpanzé hanno messo in luce la fallacia di questa credenza nel più drammatico dei modi. Essi chiariscono che la vita cognitiva ed emotiva degli animali e quella degli esseri umani differiscono solo

in modo graduale; che la vita è un grande continuum in cui le differenze tra le specie sono graduali ed evolutive./65-66 (Traduzione mia).

Concludo questa recensione con alcune interessantissime connessioni politiche e sociali nascoste che Capra svela nel suo libro.

Probabilmente ci sono ancora in giro persone appassionate di biotecnologie, ma credo che ignorino i fatti, e le loro conoscenze sono per la maggior parte tratte dall'enorme quantità di materiale propagandistico. Solo per questa informazione illuminante, il presente libro vale il suo prezzo, poiché svela audacemente i fatti nascosti e dice la verità!

> L'uso più diffuso della biotecnologia vegetale è stato quello di sviluppare colture tolleranti agli erbicidi per poter vantare la vendita di particolari erbicidi. C'è una forte probabilità che le piante transgeniche si impollinino in modo incrociato con i parenti selvatici nei loro dintorni, creando così supererbe erbicide resistenti agli erbicidi. Le prove indicano che tali flussi genici tra le colture transgeniche e i parenti selvatici si stanno già verificando. /193 (Traduzione mia).

Perché abbiamo bisogno della biotecnologia?
Immagino che alcune persone, aziende e i loro
consorti ne abbiano bisogno per fare enormi quantità di denaro. Ma è tollerabile in una democrazia
che tutti soffrono degli effetti collaterali delle tecnologie che arricchiscono alcuni? Ho imparato da
studente di giurisprudenza che un sistema di
questo tipo si chiama *oligarchia*, il regno di un'élite.
Quindi mi chiedo seriamente come siamo arrivati a
dire che viviamo in una democrazia?

Nel regno animale, dove la complessità cellulare è
molto più elevata, gli effetti collaterali nelle specie
geneticamente modificate sono molto peggiori. I
'super-salmoni,' che sono stati progettati per
crescere il più velocemente possibile, sono finiti
con teste mostruose e sono morti per non essere in
grado di respirare o di nutrirsi correttamente. Allo
stesso modo, un super maiale con un gene umano
per un ormone della crescita si è rivelato ulceroso,
cieco e impotente. (...) La storia più orribile e ormai
più conosciuta è probabilmente quella dell'ormone
geneticamente modificato chiamato ormone ricombinante della crescita bovina, che è stato usato per
stimolare la produzione di latte nelle vacche,
nonostante il fatto che i produttori di latte americani abbiano prodotto molto più latte di quanto la

gente possa consumare negli ultimi cinquant'anni. Gli effetti di questa follia di ingegneria genetica sulla salute della mucca sono gravi. Essi includono gonfiore, diarrea, malattie delle ginocchia e dei piedi, ovaie cistiche e molte altre. Inoltre, il loro latte può contenere una sostanza che è stata implicata nei tumori al seno e allo stomaco umani./198 (Traduzione mia).

Perché abbiamo bisogno di *superpig*? Mi sembra che siano il risultato di un pensiero quantitativo, un primato della quantità sulla qualità, e questo per l'ovvia ragione di massimizzare i profitti. Questo è un buon esempio del fatto che viviamo in quella che è stata chiamata la società delle corporazioni, come il prototipo di una società in cui le grandi corporazioni dettano gli standard che il governo seguirà e promulgheranno come leggi. Capra prende nota dei dettagli:

Negli Stati Uniti, l'industria biotecnologica ha convinto la Food and Drug Administration (FDA) a trattare gli alimenti geneticamente modificati come sostanzialmente equivalenti agli alimenti tradizionali, il che consente ai produttori di alimenti di eludere i normali test della FDA e dell'Environmental Protection Agency (EPA), e lascia anche alla discrezione delle aziende se etichettare i loro prodotti come geneticamente modificati. Così, il pubblico è tenuto all'oscuro della rapida diffusione degli alimenti transgenici e gli scienziati troveranno molto più difficile rintracciare gli effetti nocivi. Infatti, l'acquisto di prodotti biologici è ora l'unico modo per evitare gli alimenti geneticamente modificati./ 199 (Traduzione mia).

In Germania, Francia e nella maggior parte degli altri paesi europei le leggi sono diverse per quanto riguarda gli alimenti geneticamente modificati. Capra informa:

I governi di Francia, Italia, Grecia e Danimarca hanno annunciato che bloccheranno l'approvazione di nuove colture GM nell'Unione Europea. La Commissione Europea ha reso obbligatoria l'etichettatura degli alimenti GM, così come i governi di Giappone, Corea del Sud, Australia e Messico. Nel gennaio 2000, 130 nazioni hanno firmato a Montreal il rivoluzionario Protocollo di Cartagena sulla Biosicurezza, che dà alle nazioni il diritto di rifiutare l'ingresso a qualsiasi forma di vita geneticamente modificata, nonostante la veemente opposizione degli Stati Uniti. /228 (Traduzione mia).

Come avvocato abilitato, vedo chiaramente che attualmente stiamo affrontando una sfida per codificare legalmente queste nuove tecnologie—per non dire che ci codificheranno, per così dire, ci trascineranno in una turbolenza di *faits établis*, e poi la legge farà un balzo in avanti rispetto agli sviluppi reali. Ma la legge dovrebbe accompagnare meglio la ricerca passo dopo passo, in modo da essere aggiornata con la crescita esplosiva di queste discipline di ricerca fortemente finanziate. Scrive Capra:

> Lo sviluppo di queste nuove biotecnologie sarà una grande sfida intellettuale, perché ancora non capiamo come la natura abbia sviluppato tecnologie che, nel corso di miliardi di anni di evoluzione, sono di gran lunga superiori ai nostri progetti umani. Come fanno le cozze a produrre colla che si attacca a qualsiasi cosa in acqua? Come fanno i ragni a filare un filo di seta che, oncia per oncia, è cinque volte più forte dell'acciaio? Come fanno gli abalone a far crescere un guscio che è due volte più resistente delle nostre ceramiche high-tech? Come fanno queste creature a fabbricare i loro materiali miracolosi in acqua, a temperatura ambiente, in silenzio e senza sottoprodotti tossici? /204
> (Traduzione mia).

CAPITOLO DIECI

Steering Business Toward Sustainability

Steering Business Toward Sustainability

Edited with Wolfgang Pauli
New York: United Nations University Press, 1995

Steering Business Toward Sustainability è un libro di alto valore pratico per i leader e le organizzazioni che sono consapevoli della necessità di un'ecologia profonda e della sfida che attualmente affrontiamo per aggiornare la maggior parte delle nostre routine e procedure aziendali di base al fine di costruire organizzazioni sostenibili.

Molto semplicemente, le nostre pratiche commerciali stanno distruggendo la vita sulla terra. Date le attuali pratiche aziendali, non una sola riserva nat-

urale, natura selvaggia o cultura indigena soprav-
viverà all'economia di mercato globale. /1
(Traduzione mia).

L'idea di ecologia di Capra si è sviluppata nel
corso di molti anni. Essa affonda le sue radici nelle
intuizioni che ha esposto nei suoi quattro libri
precedenti, e quindi possiamo dire che il presente
libro è solidamente fondato sulla ricerca. Inoltre,
Capra non lascia dubbi sul fatto che non sia solo
un'idea tecnocratica, ma un concetto intrinsecamente spirituale. Egli dà anche credito a coloro,
religioni e popoli, che hanno praticato il pensiero
ecologico molto prima della nascita degli Stati Uniti d'America:

> Quando il concetto di spirito umano è inteso come
> il modo di coscienza in cui l'individuo si sente
> connesso al cosmo nel suo insieme, diventa chiaro
> che la coscienza ecologica è spirituale nella sua es-
> senza più profonda. Non sorprende quindi che la
> nuova visione emergente della realtà, basata su una
> profonda coscienza ecologica, sia coerente con la
> cosiddetta filosofia perenne delle tradizioni spiritu-
> ali, sia che si parli della spiritualità dei mistici cris-
> tiani, sia che si parli della spiritualità dei buddisti,
> sia che si parli della filosofia e della cosmologia alla

base delle tradizioni indiane americane. /3
(Traduzione mia).

Capra ci ricorda che quando si ristruttura la nostra economia, dovremmo imparare dalla natura, invece di sentirci superiori alla natura. L'alfabetizzazione è una delle nozioni su cui Capra sta attualmente tenendo una lezione, e Gunter Pauli, il co-redattore di questo libro, è uno dei collaboratori più veri di Capra, egli stesso un'autorità sull'ecologia in Germania. All'interno del concetto di alfabetizzazione ecologica, Capra sembra dare la massima importanza al termine *sostenibilità*, e spiega in modo esauriente cosa significa questo termine:

Nei nostri tentativi di costruire e coltivare comunità sostenibili possiamo imparare preziose lezioni dagli ecosistemi, perché gli ecosistemi sono comunità sostenibili di piante, animali e microrganismi. Per comprendere queste lezioni, dobbiamo imparare il linguaggio della natura. Dobbiamo diventare alfabetizzati dal punto di vista ecologico. (...) Essere alfabetizzati dal punto di vista ecologico significa capire come gli ecosistemi si organizzano per massimizzare la sostenibilità. /4 (Traduzione mia).

Molti di noi non hanno ancora capito perché le nostre moderne tecnologie sono così in conflitto con l'assetto della natura, e questo è un fatto che viene appena chiarito dai mass media. Le persone non istruite, e anche gli imprenditori che non sono stati esposti allo studio accademico, sono di solito a disagio nel comprendere le ragioni più profonde di questo conflitto. Capra, facendo riferimento a Paul Hawken, *The Ecology of Commerce,* Harper, 1993, lo chiarisce:

> L'attuale scontro tra economia e natura, tra economia ed ecologia, è dovuto principalmente al fatto che la natura è ciclica, mentre i nostri sistemi industriali sono lineari, assorbendo energia e risorse dalla terra, trasformandole in prodotti più rifiuti, scartando i rifiuti, e infine buttando via anche i prodotti dopo il loro utilizzo. I modelli sostenibili di produzione e di consumo devono essere ciclici, imitando i processi degli ecosistemi./5 (Traduzione mia.)

Nell'antichità, c'era a malapena bisogno che le persone imparassero a pensare i sistemi perché erano naturalmente allineati con la logica della natura, in quanto vivevano con la natura, e non al di sopra della natura, come facciamo noi oggi. Possiamo anche dire che noi, come moderni abitanti delle città, abbiamo perso il nostro continuum, come è stato espresso con molta enfasi da Jean Liedloff in *The Continuum Concept*. Inoltre, Capra ci informa su come dovremmo applicare l'ecologia nella nostra vita quotidiana, e su ciò che ci insegna. Ci sono sette principi da imparare che Capra chiama *Principi di Ecologia* e che spiega uno per uno:

Interdipendenza. Tutti i membri di un ecosistema sono interconnessi in una rete di relazioni, in cui tutti i processi vitali dipendono l'uno dall'altro.

Cicli Ecologici. Le interdipendenze tra i membri di un ecosistema comportano lo scambio di energia e di risorse in cicli continui.

Flusso di Energia. L'energia solare, trasformata in energia chimica dalla fotosintesi delle piante verdi, guida tutti i cicli ecologici.

Partnership. Tutti i membri viventi di un ecosistema sono impegnati in un sottile gioco di competizione e cooperazione, che comporta innumerevoli forme di partnership.

Flessibilità. I cicli ecologici hanno la tendenza a mantenersi in uno stato di flessibilità, caratterizzato da fluttuazioni interdipendenti delle loro variabili.

Diversità. La stabilità di un ecosistema dipende dal grado di complessità della sua rete di relazioni; in altre parole, dalla diversità dell'ecosistema.

Coevoluzione. La maggior parte delle specie di un ecosistema coevolve attraverso un gioco di creazione e di adattamento reciproco.

Sostenibilità. La sopravvivenza a lungo termine di ogni specie in un ecosistema dipende da una base di risorse limitata. Gli ecosistemi si organizzano secondo i principi sopra riassunti in modo da mantenere la sostenibilità./6 (Traduzione mia).

Capra spiega molto bene anche il feedback-looping che troviamo è una caratteristica tipica dei sistemi viventi. La comprensione del feedback attraverso il costante cambiamento dei parametri come risposta ad un dato stimolo è cruciale per la comprensione della natura ciclica di tutta la vita. Questo è uno dei punti su cui gli scienziati moderni sono veramente a disagio perché la loro struttura di pensiero è semplicemente troppo lineare. Spiega Capra:

Quando le mutevoli condizioni ambientali disturbano un anello di un ciclo ecologico, l'intero ciclo agisce come un anello di retroazione autoregolante e presto riporta la situazione in equilibrio. E poiché questi disturbi si verificano continuamente, le variabili di un ciclo ecologico fluttuano continuamente. Queste fluttuazioni rappresentano la flessibilità dell'ecosistema. La mancanza di flessibilità si manifesta come stress. In particolare, lo stress si verifica quando una o più variabili del sistema sono spinte ai loro valori estremi, il che induce una maggiore rigidità in tutto il sistema. Lo stress temporaneo è un aspetto essenziale della vita, ma lo stress prolungato è dannoso e distruttivo per il sistema./7 (Traduzione mia).

È proprio questo feedback-looping ampiamente imprevedibile che è insito nell'attuale paradigma di distruzione ecologica. Questa pericolosa situazione è aggravata dalla generale mancanza di alfabetizzazione ecologica riguardo ai possibili effetti di grandi perturbazioni, come il buco dell'ozono, la deforestazione, il riscaldamento globale e la desertificazione.

Le nostre conoscenze sono inoltre insufficienti per far funzionare efficacemente le soluzioni ecologiche anche una volta che le politiche ecologiche sono attuate dai governi e dalle organizzazioni. Non basta vedere i pericoli e attuare nuove leggi valide per proteggere la natura, dobbiamo anche vedere come i danni già fatti interagiranno con le nostre nuove politiche; questo perché non è scontato che le nostre migliori tattiche di guarigione della natura funzioneranno. Per assicurare questo, dobbiamo imparare molto di più sul feedback-looping nei sistemi naturali, e dobbiamo imparare come la natura guarisce se stessa.

Per esempio, è stato dimostrato che la piantumazione di nuovi alberi non guarisce i danni che la deforestazione ha causato al nostro pianeta. Sta tutto nel perché e nel come di piantare alberi, dove, quanti e in quale miscuglio di specie si trova la saggezza. D'altra parte, si è visto in Indonesia, uno dei paesi più colpiti dalla deforestazione, che enormi aree disboscate hanno cominciato a crescere alberi senza che nessuno facesse niente! Le ricerche successive hanno dimostrato che le condizioni erano state ideali per far ricrescere gli alberi, ma nessuno sapeva perché in altri luoghi, dove a prima vista le condizioni erano molto simili, questo non era il caso.

Dobbiamo assolutamente sviluppare l'umiltà, data la nostra terribile ignoranza di fronte al livello di complessità della natura, in tutte le fasi dell'evoluzione. Semplicemente non siamo addestrati nel pensiero della complessità, e le nostre scuole e università distruggono quel poco di complessità che abbiamo sviluppato naturalmente da bambini come risultato del gioco libero. È la libertà che è alla base della costruzione della complessità, non la disciplina, è il permissivismo, non la repressione. Qui è dove la nostra moralità guarda chiaramente in faccia la natura, perché la natura è amorale. Se i teologi riusciranno mai a cogliere questa dimensione non è una mia preoccupazione, ma come scienziati dovremmo assolutamente eliminare le nostre proiezioni sulla natura e allo stesso tempo preparare tutti i nostri sensi e la nostra intelligenza emotiva a ricevere i messaggi della natura. La natura comunica quando siamo pronti ad ascoltare, e ci dirà come possiamo aiutare a guarire i danni che le abbiamo fatto negli ultimi cinquemila anni di ignoranza patriarcale.

Questo libro, insieme a *Connessioni Nascoste* e *La Rete Della Vita*, insegna le basi per comprendere la complessità della natura. Ci insegna anche l'importanza della diversità, un concetto che attualmente è piuttosto evitato dalla politica tradizionale, mentre le fasi liberali, come è stato il caso negli anni '70, favoriscono livelli più elevati di diversità culturale. La natura ci mostra che non si tratta di uno sviluppo casuale, ma che è la diversità da quale parte sta l'intelligenza e il comportamento che favorisce la vita, e non l'uniformità. Questo è così, tra l'altro, perché la diversità favorisce la flessibilità, e *viceversa*, mentre l'uniformità comporta la rigidità. Cosa significa la perdita di biodiversità sul pianeta per il nostro futuro come razza umana? La considerazione in questo caso è piuttosto debole, e Capra non lascia dubbi al riguardo:

Negli ecosistemi, la flessibilità attraverso le fluttuazioni non sempre funziona, perché possono verificarsi perturbazioni molto gravi che di fatto spazzano via un'intera specie. In altre parole, uno dei collegamenti nella rete dell'ecosistema viene distrutto. Una comunità ecologica sarà resiliente quando questo collegamento non è l'unico nel suo genere; quando ci sono altri collegamenti che possono adempiere almeno in parte alle sue funzioni. In altre parole, più complessa è la rete, maggiore è la diversità delle sue interconnessioni, più sarà resiliente. Lo stesso vale per le comunità umane. Diversità significa molte relazioni diverse, molti ap-

procci diversi allo stesso problema. Una comunità
diversa è una comunità resiliente, capace di adattarsi facilmente a situazioni mutevoli./8
(Traduzione mia).

La perdita di biodiversità, cioè la perdita quotidiana
di specie, è a lungo termine uno dei nostri più gravi
problemi ambientali globali. E a causa della stretta
integrazione delle popolazioni indigene tribali nei
loro ecosistemi, la perdita di biodiversità è strettamente legata alla perdita della diversità culturale,
all'estinzione delle culture tribali tradizionali.
Questo è particolarmente importante oggi. Poiché
le credenze e le pratiche della cultura industriale
vengono riconosciute come parte della crisi ecologica globale, c'è un urgente bisogno di una più
ampia comprensione dei modelli culturali sostenibili. La vasta saggezza popolare delle tradizioni indiane, africane e asiatiche è stata considerata inferi-
ore e arretrata dalla cultura industriale. È tempo di
invertire questa arroganza euro-centrica e di riconoscere che molte di queste tradizioni—i loro
modi di conoscere, le tecnologie, la conoscenza dei
cibi e delle medicine, le forme di espressione esteti-
ca, i modelli di interazione sociale, le relazioni co-
muni, ecc. /8 (Traduzione mia).

Eppure è un dato di fatto che nella maggior parte dei paesi in via di sviluppo le tecnologie per il riciclaggio e per la guarigione delle metropoli malate sono costose e non così accessibili e prontamente disponibili come nelle ricche nazioni ad alta tecnologia. Solo uno scambio culturale e tecnologico veramente favorevole tra paesi ricchi e paesi poveri può aiutare a cambiare questo quadro oscuro. Qualunque siano le nostre opinioni personali di fronte a questi enormi problemi globali, che graveranno anche sulle nostre prossime generazioni, dobbiamo mantenere una mente aperta e imparare, e cambiare le nostre rigide posizioni.

Fritjof Capra e Wolfgang Pauli hanno dato in questo libro suggerimenti molto utili che possono essere presi come punti di partenza per uno studio più approfondito, dato che il campo di indagine è enorme, e senza fine. La complessità della natura è forse l'unico argomento di studio più importante per la scienza del XXI secolo, e spero di potervi contribuire con i miei sforzi. Per quanto riguarda gli autori di questo libro, hanno sicuramente dato il loro contributo sostanziale!

CAPITOLO UNDICI

The Science of Leonardo

The Science of Leonardo

Inside the Mind of the Great Genius of the Renaissance
New York: Anchor Books, 2008

First published with Doubleday, 2007

Fritjof Capra nota nel suo studio chiarificatore su Leonardo, *La Scienza di Leonardo (2007/2008),* che il grande poligono del Rinascimento era contrario alla credenza comune non un pensatore meccanicista, come lo furono in seguito, ad esempio, Francis Bacon o Galileo Galilei, nonostante fosse uno dei primi grandi inventori delle macchine moderne, e in realtà molto interessato alle macchine per tutta la sua vita. Ma non considerava il corpo umano come una macchina, come in seguito la scienza cartesiana e i filosofi come La Mettrie o il Barone d'Holbach.

Il mondo era abituato a vedere *Leonardo da Vinci (1452-1519)* come un pittore, non come uno scienziato. Ho messo in discussione questa visione già all'inizio della mia geniale ricerca, circa trent'anni fa, quando ho scoperto i quaderni scientifici di Leonardo. Leonardo e Goethe erano gli avatar di una nuova cultura, di una nuova società, eppure, nel corso della loro vita, la loro ampiezza d'animo e la loro visione olistica del mondo erano difficilmente apprezzabili, per non parlare della loro comprensione. Goethe aveva un reddito stabile come giurista impiegato dal governo, Leonardo lavorava per re e regine, e si guadagnava da vivere con le armi da costruzione, ma entrambi avevano la mente concentrata su ciò che essenzialmente costituisce la vita, e Leonardo, proprio come più tardi Albert Einstein, era un genio scienziato prima di essere un grande artista. Prima del XX secolo, entrambi gli scienziati erano a malapena compresi. La teoria dei colori di Goethe era guardata con sospetto, in flagrante contraddizione con l'universo scientifico di Newton.

—Johann Wolfgang von Goethe, The Theory of Colors, New York: MIT Press, 1970, pubblicato per la prima volta in 1810, Frederick Burwick, The Damnation of Newton: Goethe's Color Theory and Romantic Perception, New York, Walter de Gruyter, 1986 e Dennis L. Sepper, Goethe Contra Newton: Polemics and the Project of a New Science of Color: Cambridge: Cambridge University Press, 1988.

Leonardo era considerato da Herman Grimm, un noto storico, nelle osservazioni collaterali della sua monografia *La vita di Michelangelo,* come una persona regale e fiammeggiante, ma anche un'anima bohémien e 'oscura.' In relazione all'autobiografia di Vasari scrive:

Lionardo non è un uomo che si può passare a proprio agio, ma una forza a cui siamo legati e al cui fascino non possiamo sfuggire quando una volta ci ha toccato. Chi ha visto sorridere Monna Lisa, è seguito in eterno da questo sorriso, così come dalla furia di Lear, dall'ambizione di Macbeth, dalla depressione di Amleto o dalla commovente purezza di Iphigenia.

—Herman Grimm, Leben Michelangelos, Wien, Leipzig: Phaidon Verlag, 1901, 42 (Traduzione mia).

È come se Lionardo avesse dentro di sé il bisogno delle contraddizioni più ardite in relazione agli esseri veramente meravigliosi che è riuscito a creare. Lui stesso, bello e forte come un titano, generoso, circondato da numerosi servitori e cavalli e da una famiglia fantastica, un musicista perfetto, affascinante e bello in vista di alti e bassi, poeta, scultore, architetto, ingegnere civile, meccanico, amico di conti e re eppure, come cittadino della sua nazione, un'esistenza oscura che, raramente lasciando l'atmosfera semi oscura del suo essere, non trova l'opportunità di investire le sue forze semplicemente e liberamente per una grande impresa. (Id., 43-44. Traduzione mia).

Tali nature, che con le loro straordinarie doti sembrano nate solo per l'avventura e che hanno mantenuto anche nelle imprese più serie e profonde della loro mente una giocosità infantile, sono rare, ma possibili apparizioni. Sono uomini di alta discendenza; belli, indipendenti e splendenti di azione ancora indefinita, camminano nel mondo. Tutto è aperto a loro e in nessun modo incontrano un dolore reale e opprimente; plasmano le loro vite che nessuno più di loro capisce perché nessuno è nato in condizioni che hanno portato esattamente a un destino così fantastico ma necessario e ineluttabile. (Id., 44. Traduzione mia).

L'immagine di Leonardo dipinto da Grimm manca di un tocco personale, è profondamente romantica e sembra quasi sterile. Inutile aggiungere che nei suoi effluvi romantici, Grimm non ha perso una parola sullo scienziato Leonardo, e questo è fin troppo tipico per l'opinione generale su di lui prima del XX secolo. Ora, con lo studio del suo genio scientifico da parte di Fritjof Capra, Leonardo può finalmente essere notato dalla storia della scienza come uno dei più grandi innovatori scientifici che il mondo abbia mai visto.

Capra afferma in modo convincente che la scienza moderna non è iniziata con Galilei, ma con Leonardo, perché è stato Leonardo che, per la prima volta nella storia dell'uomo, ha applicato il metodo scientifico, la logica, l'osservazione e la capacità di concettualizzare una moltitudine di singoli dati in un'unica teoria coerente e coerente. Tanto più che, nel corso della sua vita, la scienza era ancora ingarbugliata nella religione al punto che un grande corpo del *corpus scientia* era la dottrina ecclesiastica, e come tale un mix di punti di vista mitici, di ipotesi politicamente corrette e di un residuo di osservazione che era per la maggior parte ripreso da Aristotele. Scrive Capra:

> Leonardo da Vinci ha rotto con questa tradizione. Cento anni prima di Galileo e Bacon, egli sviluppò da solo un nuovo approccio empirico alla scienza, che implicava l'osservazione sistematica della natura, il ragionamento logico e alcune formulazioni matematiche—le caratteristiche principali di quello che oggi è conosciuto come *metodo scientifico*. /2 (Traduzione mia).

È molto curioso osservare che Leonardo non ha formulato, all'inizio della sua ricerca multidisciplinare di tutta una vita, un'intenzione di farlo; chiamandosi umilmente 'uomo senza lettere, il suo progetto era quello di scrivere un manuale sulla 'scienza della pittura.' La sua conoscenza del mondo era prevalentemente visiva, così come il suo metodo scientifico; si basava principalmente su un'osservazione molto accurata e molto astuta della natura e di tutte le forme di vita. Solo un genio può avere l'abbondante curiosità, la padronanza intellettuale e la perseveranza di indagare in modo così profondo e approfondito da ciò che l'occhio percepisce, per arrivare davvero a svelare le leggi fondamentali e le connessioni funzionali in tutti gli esseri viventi e in tutta la vita materiale.

Si può essere sconcertati nel vedere che questo magnifico creatore fu a tal punto emarginato durante la sua vita che nessuno dei suoi quaderni fu mai pubblicato, peggio ancora, come riferisce Capra, dopo la sua morte, la collezione dei suoi scritti e disegni, quasi tredicimila pagine, fu sparsa e dispersa in tutta Europa, e infilata nelle biblioteche, invece di essere stata ordinata e pubblicata correttamente; peggio ancora, quasi la metà della collezione andò perduta. Scrive Capra:

L'opera scientifica di Leonardo era praticamente sconosciuta durante la sua vita e rimase nascosta per oltre due secoli dopo la sua morte, avvenuta nel 1519. Le sue scoperte e le sue idee pionieristiche non hanno avuto un'influenza diretta sugli scienziati che lo seguirono, anche se nei successivi 450 anni la sua concezione di una scienza delle forme viventi riemergerà in diversi momenti. (...) Mentre i manoscritti di Leonardo raccoglievano polvere nelle antiche biblioteche europee, Galileo Galilei veniva celebrato come il 'padre della scienza moderna.' Non posso fare a meno di sostenere che il vero fondatore della scienza moderna fu Leonardo da Vinci, e mi chiedo come si sarebbe sviluppato il pensiero scientifico occidentale se i suoi Quaderni fossero stati conosciuti e ampiamente studiati subito dopo la sua morte. /5-6 (Traduzione mia).

Vorrei concentrarmi per un momento su un singolo e a mio avviso significativo dettaglio, cioè su come Leonardo pensava alla 'vita,' ai sistemi viventi, e alla scienza in relazione alla vita. Oggi conosciamo bene la concezione della vita non come una struttura rigida lineare e rigida, total-mente misurabile, tranne quando gli organismi sono morti, ma come una struttura non lineare di schemi dinamici, che sono essenzialmente re-lazioni.

Come abbiamo visto, Fritjof Capra ha chiarito nel suo studio *The Web of Life* che la vita è fonda-mentalmente una struttura di 'reti dentro le reti' e che le gerarchie esistono in natura solo nel senso che le reti più piccole sono contenute in reti più grandi ma non nel senso di una rigida gerarchia su-giù come la società umana tradizionale, specialmente sotto il patriarcato, l'ha concettualizzata come il modello socio-politico dominante.

Questa visione sta emergendo da alcuni decenni e viene chiamata 'visione sistemica della vita;' è legata all'ecologia profonda e alla teoria di Gaia ed è stata sviluppata, oltre che da Capra, principalmente da Ludwig von Bertalanffy, Humberto Maturana, Francisco J. Varela, Ilya Prigogine ed Ervin Laszlo.

Ciò che era noto dalla filosofia panteista di Goethe, che considerava la vita come un insieme organico, lo troviamo, nella retrospettiva di Capra, anche con Leonardo. Scrive Capra:

> La natura nel suo insieme era viva per Leonardo. Egli vedeva i modelli e i processi nel microcosmo come simili a quelli del macrocosmo. (...) / Mentre l'analogia tra microcosmo e macrocosmo risale a Platone ed era ben nota per tutto il Medioevo e il Rinascimento, Leonardo la dissociava dal suo contesto mitico originale e la trattava rigorosamente come una teoria scientifica. /3-4 (Traduzione mia).

Capra si spinge fino a parlare di Leonardo come di 'un pensatore sistemico,' per la sua forte capacità di pensiero sintetico, capace di 'interconnettere osservazioni e idee di diverse discipline.'

Egli osserva che la percezione visiva di Leonardo era insolitamente acuta e precisa, e veramente scientifica nella portata e nell'intento, e che aveva anche un preciso senso del movimento che raramente si trova. Di solito, l'occhio statico distorce gli oggetti che sono in movimento. Difficilmente ci rendiamo conto di questa imperfezione della nostra vista, dato che oggi siamo circondati da oggetti visivi come i televisori, e scattiamo fotografie di alta qualità utilizzando la tecnologia digitale. Ma in un'epoca in cui non c'erano lastre fotografiche e macchine fotografiche, il movimento non era quasi mai rappresentato dagli artisti visivi in senso realistico; questo era semplicemente così perché la maggior parte degli artisti non era in grado di allenare il proprio occhio fino a un punto per percepire il movimento correttamente e senza distorsione della prospettiva.

Inoltre, osserva Capra, Leonardo aveva una visione del corpo che precedeva la fisica quantistica e la spiritualità moderna. Per Leonardo, 'il corpo umano era un'espressione esteriore e visibile dell'anima; era plasmato dal suo spirito.'

> A differenza di Cartesio, Leonardo non ha mai pensato al corpo come a una macchina, anche se è stato un brillante ingegnere che ha progettato innumerevoli macchine e dispositivi meccanici. /Id. (Traduzione mia).

Fritjof Capra osserva che Leonardo aveva una comprensione della natura che era *fondamentalmente ecologica* nel senso che, contrariamente a ciò che Francis Bacon avrebbe sostenuto un secolo dopo, l'uomo non era fatto per dominare la natura, ma per comprendere la natura, e sulla base di questa comprensione, per cooperare con la natura. Da questa visione del mondo di base, Leonardo era sensibile alla complessità e all'abbondanza della natura, che non era certo un atteggiamento comune nella sua vita. Inoltre, era consapevole della fallacia del riduzionismo scientifico. Appunti di Capra:

> Le nostre scienze e tecnologie sono diventate sempre più limitate e non siamo in grado di compren-

dere i nostri molteplici problemi da una prospettiva interdisciplinare. /12 (Traduzione mia).

Abbiamo urgente bisogno di una scienza che onori e rispetti l'unità di tutta la vita, che riconosca l'interdipendenza fondamentale di tutti i fenomeni naturali e ci riconnetta con la terra vivente. Ciò di cui abbiamo bisogno oggi è esattamente il tipo di pensiero e di scienza che Leonardo da Vinci ha anticipato e delineato cinquecento anni fa, al culmine del Rinascimento e all'alba dell'era scientifica moderna. /Id. (Traduzione mia).

Ora, riguardo alla nozione specifica di genio, che dobbiamo dare per scontata, perché la natura del genio è stata discussa sia in filosofia che nella scienza moderna per un bel po' di tempo.

—Vedi Peter Fritz Walter, Creative Genius: Four-Quadrant Creativity in the Lives and Works of Leonardo da Vinci, Wilhelm Reich, Albert Einstein, Svjatoslav Richter and Keith Jarrett (2014).

Fritjof Capra chiarisce in modo esauriente il fatto che la nostra moderna nozione di genio, in senso scientifico come definita dalla ricerca sulla creatività e dalle neuroscienze, ha poco a che fare con ciò che gli antichi credevano fosse l'origine del genio:

La parola latina *genius* ha avuto origine nella religione romana, dove indicava lo spirito della gens, la famiglia. Era inteso come spirito custode, prima associato agli individui e poi anche ai popoli e ai luoghi. Le straordinarie conquiste degli artisti o degli scienziati venivano attribuite al loro genio, o spirito custode. Questo significato di genio è stato prevalente per tutto il Medioevo e il Rinascimento. Nel XVIII secolo, il significato della parola cambiò nel suo familiare significato moderno per indicare questi stessi individui, come nella frase 'Newton era un genio.' /28 (Traduzione mia).

Concludo qui la mia recensione perché questo libro è così particolare e dettagliato che avrei bisogno di parafrasare troppo la buona e competente narrazione di Capra. Questo libro e il suo prossimo libro, *Imparare da Leonardo (2013)*, sono risultati molto importanti per lo scrittore e pensatore scientifico Fritjof Capra.

La sua eccellente padronanza della lingua italiana gli è stata comprensibilmente di grande aiuto nello studio—o meglio nella decifrazione—dello stile di scrittura stenografica di Leonardo.

CAPITOLO DODICI

Learning from Leonardo

Learning from Leonardo

Decoding the Notebooks of a Genius
San Francisco: Berrett-Koehler, 2013

Imparare da Leonardo è una lettura affascinante e svela gran parte della personalità unica di Leonardo, e soprattutto la natura del suo genio scientifico e umano. Sembra essere concettualmente il secondo volume del precedente libro di Capra sulla scienza di Leonardo. Ho la sensazione che questi due libri su Leonardo potrebbero essere considerati in futuro come le opere più importanti di Fritjof Capra, e sono certamente le sue più alte realizzazioni, data la difficile natura dell'argomento, e le difficoltà di traduzione e di consultazione di un'immensa quantità di dati, che a tutt'oggi rimarranno inaccessibili alla maggior parte degli esseri umani nel mondo. Probabilmente bisogna essere dei geni per penetrare davvero nell'universo di Leonardo.

Il genio di Leonardo è così unico perché è stato così versatile. Non può essere paragonato a nulla di ciò che conosciamo oggi, in una cultura dove è richiesta la specializzazione e dove il genio universale verrebbe mal visto come 'generalizzante e impreciso.' Forse Leonardo aveva più cose in comune con Aristotele, in quanto entrambi gli uomini erano generali e precisi allo stesso tempo, il che non è realizzabile per la maggior parte degli esseri umani semplicemente a causa della quantità di dati da elaborare, di idee da sviluppare, di concetti da realizzare e di connessioni nascoste tra soggetti apparentemente separati da interpretare e descrivere. Sono ben consapevole del fatto che, affermando questo, ho fatto un paragone che zoppica perché Aristotele non era certamente un grande artista, né eccelleva nell'inventare e concettualizzare macchine di qualsiasi tipo. È allora la combinazione unica, la sintesi unica di arte, scienza e tecnologia che fa il genio di Leonardo.

Il messaggio principale di questo libro è che noi, come società, abbiamo bisogno di espandere la nostra comprensione dei problemi sfaccettati con una prospettiva interdisciplinare, piuttosto che rimanere con l'obiettivo ristretto della 'specializzazione' che la scienza moderna sottolinea così tanto. Se potessimo vedere, come fece Leonardo, l'unità di tutta la vita, e riconoscere l'interdipendenza fondamentale di tutti i fenomeni naturali, inizieremmo a progettare soluzioni efficaci a problemi che abbiamo sempre pensato fossero irrisolvibili. L'intento dell'autore era quindi quello di delineare la sintesi nel pensiero che Leonardo ha realizzato 500 anni fa. Se si considera questa enorme ed enormemente importante affermazione, non si può non pensare che questo deve essere un libro estremamente attuale.

Ciò che la nostra scienza ha realizzato solo recentemente, negli ultimi trent'anni circa, nel quadro della teoria dei sistemi, è stato per Leonardo un modo di pensare naturale e organico, perché al centro della sintesi leonardesca c'era la comprensione delle forme viventi della natura. Anche la sua concezione della pittura era scientifica, in quanto comportava per lui lo studio delle forme naturali nei minimi dettagli, in un modo che a mia conoscenza nessun altro artista ha mai intrapreso. In questo senso, l'artista Leonardo e lo scienziato Leonardo non possono essere separati: una parte della sua personalità è complementare all'altra. È quindi importante comprendere sia la sua arte che la sua scienza, e poi, come ha fatto l'autore in questo libro, arrivare a una sintesi.

Ciò che solo ora emerge nella scienza moderna, cioè l'apprezzamento della forma e della gestualità della materia, piuttosto che della sua sostanza,

Leonardo ne era lucidamente consapevole. Studiò per tutta la vita la magia dell'acqua, i suoi movimenti e la natura che scorre, e fu così facendo un pioniere della disciplina oggi nota come *fluidodinamica*. I suoi manoscritti sono pieni di disegni precisi di vortici a spirale. I suoi studi non sembrano essere stati apprezzati dai commentatori precedenti, il che rende il contributo di Capra molto originale, in quanto fornisce un'analisi approfondita della 'scienza dell'acqua' di Leonardo, e si basa su ampie discussioni con Ugo Piomelli, professore di fluidodinamica alla Queen's University in Canada.

Osservando come l'acqua e le rocce interagiscono tra loro, Leonardo ha intrapreso studi rivoluzionari in geologia, al punto da identificare le pieghe degli strati rocciosi e delineare una prospettiva evolutiva 300 anni prima di Charles Darwin.

Inoltre, Leonardo fece ampie ricerche sulle piante. Mentre questa ricerca è stata inizialmente intesa come studio per la pittura, è diventato così ampio che hanno portato a veri e propri studi sui modelli di metabolismo e di crescita che sono alla base di tutte le forme botaniche. Altri campi di studio erano la meccanica, oggi conosciuta come statica, dinamica e cinematica, inventando così un gran numero di macchine. Egli ha anche confrontato il modo in cui gli esseri umani muovono il loro corpo e gli animali, per confronto, e ciò che più lo affascinava in questo campo d'indagine era il volo degli uccelli. Divenne quasi ossessionato dal volo, e così progettò macchine volanti molto originali. Ma la sua scienza del volo, come dimostra Capra con il suo abituale approccio sistematico, coinvolgeva numerose sotto-discipline come l'aerodinamica, l'anatomia umana e degli uccelli e l'ingegneria meccanica.

Capra ha grande merito nell'individuare quello che egli chiama il 'grande tema unificante' nelle esplorazioni leonardesche del macrocosmo e del microcosmo, per comprendere la natura della vita. Capra riferisce che questa ricerca ha raggiunto il suo culmine negli studi anatomici da lui condotti a Milano e a Roma quando aveva più di sessant'anni, soprattutto nelle sue indagini sul cuore umano. Nessuno aveva allora un'idea di come funziona il cuore.

Infine, con l'avvicinarsi della vecchiaia, Leonardo si appassiona ai processi di riproduzione e di sviluppo embrionale. Nei suoi studi embriologici descriveva in modo molto dettagliato i processi vitali del feto nel grembo materno.

Non oso criticare minimamente questo enorme lavoro di Fritjof Capra, e forse dovremmo aspettare fino a quando il mondo scientifico non si aprirà a questa conoscenza immensamente arricchente, fino a quando non si potrà scrivere una vera e propria recensione di questo libro. Mi limiterò quindi a fornire, e commentare, alcune citazioni del libro. La mia attenzione principale sarà rivolta alla scoperta di Fritjof Capra che Leonardo era un pensatore di sistemi prima ancora che il metodo scientifico fosse ufficialmente implementato nella scienza moderna attraverso il genio di Galileo, Bacon, Kepler, Cartesio e Newton. Credo che questa scoperta sia così misteriosa e importante da meritare un esame più attento dal punto di vista della metodologia scientifica e dell'epistemologia. Per cominciare, scrive Fritjof Capra nella Prefazione:

La visione di Leonardo dei fenomeni naturali si basa in parte sulle tradizionali idee aristoteliche e medievali e in parte sulle sue indipendenti e meticolose osservazioni della natura. Il risultato è una scienza unica delle forme viventi e dei loro continui movimenti, cambiamenti e trasformazioni, una scienza radicalmente diversa da quella di Galileo, Cartesio e Newton. /xi (Traduzione mia).

In questo contesto, è importante vedere che l'idea che la natura sia organizzata come una macchina, composta da varie parti assemblate, non ha mai fatto parte della scienza leonardesca:

> A differenza di Cartesio, Leonardo non vedeva il corpo come una macchina, ma riconosceva chiaramente che le anatomie degli animali e dell'uomo implicano funzioni meccaniche che possono essere apprezzate solo con la comprensione dei principi fondamentali della meccanica. /Id. (Traduzione mia).

> A differenza di Cartesio, Leonardo non vedeva il corpo come una macchina, ma riconosceva chiaramente che le anatomie degli animali e dell'uomo implicano funzioni meccaniche che possono essere apprezzate solo con la comprensione dei principi fondamentali della meccanica. /Id. (Traduzione mia).

Oggi, mentre stiamo sviluppando una nuova comprensione sistemica della vita con una forte enfasi sulla complessità, sulle reti e sui modelli di organizzazione, stiamo assistendo al graduale emergere di una scienza delle qualità che ha alcune sorprendenti somiglianze con la scienza delle forme viventi di Leonardo. /xii (Traduzione mia).

In questo contesto è molto utile consultare le seguenti 12 pagine del libro che presentano una sinossi intitolata 'Timeline of Scientific Discoveries.' Questo mostra, al di là di ogni descrizione esplicita, quale misterioso precursore della scienza leonardesca sia stata la scienza di Leonardo in tutta la storia scientifica umana. Infatti, proprio come la scienza cinese, ha previsto la maggior parte delle nostre amate scoperte scientifiche, costringendo così gli editori a rivedere alcune delle loro radicate affermazioni sulle origini e sulla proprietà delle invenzioni scientifiche.

Mi sento grato e in debito con Fritjof Capra per aver dimostrato con così tanti dettagli convincenti tutto ciò che collettivamente dobbiamo al genio di Leonardo. Questo non mi è stato rivelato da ciò che Hermann Grimm ha scritto, né Vasari lo ha rivelato; era probabilmente al di là dell'orizzonte degli storici, e aveva bisogno di uno scienziato moderno che avesse una prospettiva di ricerca sistemica per sollevare il velo e dire la verità. Egli scrive:

> Cento anni prima di Galileo Galilei e di Francis Bacon, Leonardo sviluppò da solo un nuovo approccio empirico alla scienza, che comprendeva l'osservazione sistemica della natura, il ragionamento logico e alcune formulazioni matematiche—le caratteristiche principali di quello che oggi è conosciuto come metodo scientifico. /5 (Traduzione mia).

Mentre Leonardo aveva iniziato le sue indagini scientifiche per la stesura di un libro sulla rappresentazione dei fenomeni naturali nei suoi disegni, è secondo Capra il fatto di aver svolto queste osservazioni in modo 'organizzato e metodico' che ci fa concludere che, mentre guardava la natura con gli occhi di un artista, è diventato uno scienziato per l'intensità e la raccolta sistematica delle sue osservazioni. Scrive l'autore:

> L'approccio sistematico e l'attenzione ai dettagli che Leonardo applicava alle sue osservazioni ed esperimenti sono caratteristiche di tutto il suo metodo di indagine scientifica. Di solito partiva da concetti e

spiegazioni comunemente accettati, spesso rias-
sumendo ciò che aveva raccolto dai testi classici
prima di procedere a verificarlo con le proprie osservazioni. Dopo aver ripetutamente verificato le
idee tradizionali con attente osservazioni ed esperimenti, Leonardo si sarebbe attenuto alla tradizione
se non avesse trovato prove contraddittorie; ma se
le sue osservazioni gli avessero detto il contrario
non avrebbe esitato a formulare le proprie spiegazioni alternative. /6 (Traduzione mia).

Ora, per noi oggi, una delle caratteristiche più
impressionanti del genio umano è il fatto che una
persona dotata di genio è in grado di osservare
fenomeni paralleli in campi d'indagine completamente diversi, utilizzando un approccio multidisciplinare, senza forse essere sempre consapevole di
questo speciale metodo di osservazione multi-vettoriale. Inoltre, i geni sono noti per lavorare su
molti problemi contemporaneamente, approfittan-
do di ogni singola intuizione per risolverne uno,
per risolvere gli altri. Scrive Capra:

Leonardo in genere lavorava su più problemi contemporaneamente e prestava particolare attenzione
alle somiglianze di modelli in diverse aree di
indagine. Quando faceva progressi in un'area, era

sempre consapevole delle analogie e degli schemi di interconnessione con fenomeni in altre aree, e rivedeva le sue idee teoriche di conseguenza. Questo metodo lo portò ad affrontare molti problemi non solo una volta, ma più volte in diversi periodi della sua vita, modificando le sue teorie in fasi successive, man mano che il suo pensiero scientifico si evolveva nel corso della sua vita. La pratica di Leonardo di rivalutare ripetutamente le sue idee teoriche in vari settori gli ha fatto sì che non vedesse mai come definitiva nessuna delle sue spiegazioni. /Id. (Traduzione mia).

Ora, in che modo, precisamente, la scienza di Leonardo è una scienza di modelli organici, e perché possiamo dire oggi che è stato uno dei primi pensatori di sistemi nella storia della scienza? Vediamo prima di tutto in cosa consiste il pensiero sistemico. Capra lo sviluppa alle pagine 7-9 del libro, sempre all'interno del Prologo. Capra spiega che nel corso della storia della scienza occidentale c'è stato un dilemma concettuale tra le parti e il tutto. Continua:

L'enfasi sulle parti è stata chiamata meccanicistica, riduzionista o atomistica; l'enfasi sull'insieme olistico, organismico o ecologico. Nella scienza del ventesimo secolo, la prospettiva olistica è diventata nota come 'sistemica' e il modo di pensare che essa implica come 'pensiero sistemico.' /7

Ma storicamente possiamo far risalire questa dicotomia all'antico greco che distingueva tra modello e sostanza (materia). Capra spiega ulteriormente:

Queste due linee di indagine molto diverse sono state in competizione tra loro in tutta la nostra tradizione scientifica e filosofica. Lo studio della materia è stato sostenuto da Democrito, Galileo, Cartesio e Newton; lo studio della forma da Pitagora, Aristotele, Kant e Goethe. Leonardo seguì chiaramente la tradizione di Pitagora e di Aristotele nello sviluppo della sua scienza delle forme viventi, dei loro modelli di organizzazione e dei loro processi di crescita e trasformazione. In effetti, il pensiero sistemico è al centro del suo approccio alla conoscenza scientifica. (...) La natura nel suo insieme era viva per Leonardo. Egli vedeva i modelli e i processi nel microcosmo come simili a quelli del macrocosmo. /8 (Traduzione mia).

È qui che il particolare e misterioso talento di Leonardo nel disegnare è arrivato perché gli ha permesso di rappresentare piuttosto che descrivere le loro forme, ... 'e le ha analizzate in termini di

proporzioni piuttosto che di quantità misurate.' /Id.
(Traduzione mia).

Capra sottolinea che l'approccio di Leonardo
alla natura era *dinamico*, non statico. Ad esempio,
egli ritrae le forme della natura, che si tratti di
montagne, fiumi, piante o del corpo umano, come
in un movimento e in una trasformazione incessante.

> Studia i molteplici modi in cui le rocce e le mon-
> tagne sono modellate dai flussi turbolenti dell'ac-
> qua e come le forme organiche delle piante, degli
> animali e del corpo umano sono modellate dal loro
> metabolismo. Il mondo che Leonardo ritrae, sia
> nella sua arte che nella sua scienza, è un mondo in
> via di sviluppo e di flusso, in cui tutte le configu-
> razioni e le forme sono solo fasi di un continuo
> processo di trasformazione. /8-9 (Traduzione mia).

L'ultimo sottocapitolo del *Prologo* del libro su
cui mi limito a commentare in questa recensione
(poiché il libro è così immensamente ricco di informazioni che è impossibile esaminarlo in dettaglio) si intitola 'Ispirazione per il nostro tempo.'
Scrive l'autore:

La grande sfida del nostro tempo è quella di costruire e coltivare comunità sostenibili, progettate in modo tale che i loro modi di vita, le imprese, l'economia, le strutture fisiche e le tecnologie rispettino, onorino e cooperino con la capacità intrinseca della natura di sostenere la vita. Il primo passo in questo sforzo, naturalmente, deve essere quello di capire come la natura sostiene la vita. Si scopre che questo comporta una nuova comprensione ecologica della vita, nota anche come 'alfabetizzazione ecologica,' così come la capacità di pensare in termini sistemici, in termini di relazioni, modelli e contesto. /9 (Traduzione mia).

Questa nuova scienza viene formulata in un linguaggio ben diverso da quello leonardesco. Come vedremo nel corso di questo libro, tuttavia, la concezione di fondo del mondo vivente come fondamentalmente interconnesso, altamente complesso, creativo e intriso di intelligenza cognitiva è molto simile alla visione di Leonardo. /10 (Traduzione mia).

Per ripeterlo, considero l'affermazione di Capra di Leonardo come il *primo pensatore di sistemi* nel senso moderno del termine come l'ipotesi di lavoro di questo libro—come era già il punto di partenza del suo precedente libro, *La Scienza di Leonardo*

(2007). Il libro, nella sua ulteriore elaborazione, è concettualizzato come un'analisi dettagliata dei quaderni di Leonardo con l'obiettivo di confermare e corroborare l'ipotesi di lavoro con fatti tangibili. Questo modo di procedere è metodologicamente semplice e convincente. L'autore affina ulteriormente il focus dell'indagine nel tracciare lo sviluppo, dal XVII secolo ad oggi, di come la visione meccanicistica del mondo si sia sviluppata definitivamente in una scienza olistica che, per quanto sorprendente possa sembrare, ci ricollega alla scienza di Leonardo, e persino alla visione del mondo degli antichi filosofi Pitagora ed Eraclito.

Al centro della nuova comprensione della vita c'è uno spostamento di metafore dal vedere il mondo come macchina alla comprensione del mondo come rete. Esplorare questo spostamento senza pregiudizi, spinti dalla curiosità intellettuale, sarà vantaggioso sotto molti aspetti. Individualmente, ci aiuterà a gestire meglio la nostra salute, vedendo il nostro organismo come una rete di componenti con dimensioni sia fisiche che cognitive/emozionali. Come società, l'esplorazione delle reti ci aiuterà a costruire un futuro sostenibile, fondato sulla consapevolezza delle reti ecologiche e sull'interconnessione dei nostri principali problemi. Tale esplo-

razione ci aiuterà anche a gestire le nostre organizzazioni, che sono reti sociali di crescente complessità. /Id.

CAPITOLO TREDICI

The Systems View of Life

The Systems View of Life

A Unifying Vision

With Pier Luigi Luisi
Cambridge: Cambridge University Press, 2014

The Systems View of Life è l'ultima pubblicazione di Capra e riassume e condensa la summa totale dei suoi successi di una vita.

Riflette anche la ricerca sui sistemi del suo coautore, Pier Luigi Luisi, che non è d'accordo in tutti i punti con Fritjof Capra. È un libro di testo che si rivolge a un pubblico di studenti universitari e professionisti.

Per quanto riguarda la forma del libro, permettetemi di notare che sono rimasto disincantato dalle dimensioni ridotte dei caratteri che rendono la lettura del libro davvero non facile. Poiché l'editore ha usato carta patinata, il libro è anche insolitamente pesante.

Anche se è difficile recensire questo libro a causa della sua ampia copertura di tutti gli argomenti che possono essere rilevanti per la visione sistemica della vita, mi atterrò al mio metodo di commentare alcune delle citazioni tratte dal libro durante la lettura.

Permettetemi di comunicare prima la mia impressione generale del libro. È uno dei migliori del suo genere, e davvero completo in termini di contenuto.

Contrariamente alla maggior parte degli altri ricercatori di sistemi, Fritjof Capra e i suoi coautori scrivono sempre con uno stile e una dizione che ogni lettore laico intelligente può capire. Naturalmente, poiché il libro è inteso come un libro di testo, contiene gran parte del contenuto dei precedenti libri di Capra sulla teoria dei sistemi, in particolare *The Web of Life (1997)* e *The Hidden Connections (2002)*. Ma questo non è certo uno svantaggio: qui ci troviamo di fronte a un pubblico di riferimento diverso e abbiamo un'intenzione di completezza.

Abbiamo la teoria dei sistemi in giro da più di trent'anni, eppure ancora oggi mancava un libro di testo che copra la materia in tutte le sue sfaccettature. Il pensiero dei sistemi, pur essendo uno sviluppo del XX secolo nel quadro della scienza moderna, non è qualcosa di nuovo. Tutte le antiche tradizioni scientifiche erano olistiche e sistemiche, per citare solo la scienza cinese e la medicina tradizionale, e le tradizioni scientifiche di Egitto, Persia e India.

L'emergere di un pensiero sistemico all'interno della nostra tradizione scientifica è stato ritardato a causa dell'attenzione alle gerarchie, così tipiche del patriarcato, insieme al fatto che nel tardo Rinascimento il metodo scientifico è stato associato a un approccio meccanicistico alla natura, al corpo umano e al cosmo in generale. Mentre Fritjof Capra, in due dei suoi recenti libri, ha dimostrato che Leonardo da Vinci, che fu il primo scienziato moderno, era un pensatore di sistemi e aveva una visione organica della natura, ha anche spiegato in questi libri, e nel presente libro, come con Bacon, Galilei, Newton e Cartesio, l'orientamento meccanicistico del nostro paradigma scientifico moderno sia stato scritto nella pietra.

La realizzazione del pensiero sistemico, per citare in particolare Ludwig von Bertalanffy, Ilya Prigogine, Humberto Maturana e Francisco Varela, è stato quello di spostare l'attenzione scientifica dalle gerarchie alle reti, e dai principi ai modelli di organizzazione.

Il presente volume integra in un quadro coerente le idee, i modelli e le teorie alla base di ciò che Fritjof Capra ha coniato come 'la visione sistemica della vita.' Gli autori spiegano in modo più esplicito:

Facendo un ampio spaccato della storia e delle discipline scientifiche, gli autori esaminano la comparsa di concetti chiave come l'autopoiesi, le strutture dissipative, i social network e la comprensione
sistemica dell'evoluzione. Vengono anche discusse
le implicazioni della visione sistemica della vita per
la sanità, la gestione e le nostre crisi ecologiche ed
economiche globali. (Traduzione mia).

L'Introduzione è molto utile per chiarire le
nozioni di base ricorrenti nel libro, come il metodo

scientifico, la nozione di paradigma, o cambio di paradigma, così come i termini meccanismo, olismo ed ecologia profonda.

Ci viene ricordato in questo capitolo introduttivo che nell'antichità, sia in Occidente che in Oriente, un paradigma olistico e dinamico regnava in quello che veniva chiamato, ancora ai tempi di Newton, non scienza, ma 'filosofia naturale.'

Mentre nell'antica Grecia, una scuola filosofica, chiamata i Milesi, non faceva distinzione tra natura animata e inanimata, né tra spirito e materia, nell'antica Cina, la comprensione dinamica della vita era una fuoriuscita dell'intuizione nella natura del *Tao*. Questa non era solo una scuola filosofica, ma un paradigma generale, che regnava forte anche nelle civiltà indigene di tutto il mondo:

> Gli antichi filosofi cinesi credevano che la realtà ultima, che sottende e unifica i molteplici fenomeni che osserviamo, sia intrinsecamente dinamica. La chiamavano Tao il modo, o processo, dell'universo. Per i saggi taoisti tutte le cose, siano esse animate o inanimate, erano incorporate nel flusso e nel cambiamento continuo del Tao. La convinzione che ogni cosa nell'universo sia impregnata di vita è stata

anche caratteristica delle tradizioni spirituali indigene nel corso dei secoli. /1 (Traduzione mia).

Bibliografia

Le Edizioni dei Libri di Fritjof Capra

Elenco Completo

http://www.fritjofcapra.net/books/publishers/

Edizioni Italiane

—The Systems View of Life
Aboca, Sansepolcro, 2014 (Italian)

—Learning from Leonardo
Rizzoli, Milano, 2012 (Italian)

—The Science of Leonardo
Rizzoli, Milano, 2007 (Italian)

—The Hidden Connections
Rizzoli, Milano, 2002 (Italian)

—The Web of Life
Rizzoli, Milano, 1997 e 2001 (Italian)

—Belonging to the Universe
Feltrinelli, Milano, 1993 (Italian)

—Belonging to the Universe
Feltrinelli, Milano, 1988 (Italian)

—Green Politics
Feltrinelli, Milano, 1986 (Italian)

—The Turning Point
Mondadori, Milano, 1995 (Italian)

—The Tao of Physics
Mondadori, Milano, 1995 (Italian)

PERSONAL NOTES

www.ingramcontent.com/pod-product-compliance
Lightning Source LLC
Chambersburg PA
CBHW030609220526
45463CB00004B/1227